ポークパニック

中国の「新型コロナ」、
「アフリカ豚熱」
そして日本の恥「豚肉差額関税」

髙橋　寛

東京図書出版

ま え が き

　本書は、前半で新型コロナ（COVID-19）を含む人獣共通感染症の問題と、食糧資源戦争にも発展しかねないほど、大きな影響を与えるアフリカ豚熱（ASF）について述べ、後半では自由貿易で利益を享受している我が国の汚点ともいえる条約違反である豚肉の差額関税制度について解説しています。これらの問題は、感染症と条約・通商と表向きは異なった問題ではありますが、どちらも豚をはじめとした家畜の生産や貿易・流通が、政治や外交と大きくかかわっていることを示しています。

　2019年、新型コロナが世界的に大流行した主要因が武漢での疫病発生から始まったことは、よく知られた話です。歴史上、ペスト、インフルエンザ、サーズそして新型コロナなど人獣共通感染症と呼ばれる中国を起源とする悪疫が、中世からシルクロードや貿易船によって世界中に広がり人類に大厄災をもたらしてきました。

　新型コロナウイルスの起源については、さまざまな憶測や陰謀説などが見られています。それは中国が初期段階での情報を隠匿し、海外の専門家による調査も拒絶したことによって、真相は霧の中に消えていることによって生まれています。時間が経てば経つほど、噂が広がり、起源や原因の調査は難しくなるのは明らかです。

　ご存じない方も大勢いると思いますが、2019年7月に中国甘粛省蘭州市で動物薬工場からの汚染した空気の漏洩によって、ブタやペットに感染しヒトにも感染する人獣共通感染症であるブルセラ菌による感染症が大発生しました。この被害の拡大についても、当初の市政府の発表では200人の感染者とされていましたが、1年以上過ぎた2020年9月に3000人、ついで11月に当初から6000人が感染被災していたと判明し、

I

大騒ぎになるまで情報は隠蔽されていました。ブルセラ症は、関節炎や心内膜炎などを発症し死に至ることもある恐ろしい感染症で、過去に米国やソ連が、ブルセラ菌を利用して細菌兵器を開発したこともありました。コロナ問題もブルセラ問題も中国の隠蔽体質を物語っています。

これらは、ヒトに感染する病原体ですが、さらに本書では経済・通商に大きな影響のある現在中国・アジアで大流行中の家畜伝染病であるアフリカ豚熱（ASF：旧名アフリカ豚コレラ）を取り上げました。この伝染病は、ヒトには感染せず豚や猪にしか感染しませんが、感染した豚は100％死亡するという恐ろしい病気です。ワクチンもありません。そのASFが原因で2019年から2020年までの間に、中国と国境を接する東南アジアやモンゴル、朝鮮半島にも感染域を広げています。中国の豚4億頭の半数、すなわち世界の豚8億頭の4分の1が消えてしまいました。

このASFの問題は、食肉の争奪戦のはじまりとともに世界の食糧資源に大きな影響をもたらしつつあることです。何しろ世界の4分の1の豚が消えたわけですから、不足する豚肉をめぐって中国が世界の生産国から豚肉を爆買いし、豚肉価格の高騰の要因となっています。そして、次に来るのが中国の検疫体制を整えた大規模な養豚生産基地による飼料穀物の爆買いになるはずです。このASFの広がりについても2019年10月以降、豚の飼育頭数などのデータは発表されなくなりました。中国政府はASFの重要なデータも隠蔽しつつあります。

人類の誕生以来、戦争は大なり小なり続いてきました。これらはそのほとんどが土地や水そして人、すなわち食糧を獲得するための争いでした。20世紀に入ると、世界中の多くの地域で農業生産技術が発展し、食糧確保を争う必要性が薄れましたが、新たに石炭や鉄、石油などのエネルギー（化石燃料）・鉱物資源を巡る紛争が戦争の主たる要因となり、それらをコントロールするアメリカの時代となりました。

しかしながら、21世紀に入り、近い将来には、電気自動車の普及などにより、ガソリンをはじめとする化石燃料の時代は、資源獲得戦争の主役の座から落ちて、ふたたび畜産物と穀物を含めた新たな食糧資源戦争の時代が来るのではないかと筆者は予想しています。そして、好むと好まざるとにかかわらず、その主役として登場するのが中国なのです。

　本書では、コロナ、インフルエンザ、口蹄疫、アフリカ豚熱など中国を中心に発生し世界中にパンデミックを引き起こしてきた伝染病と、政治、外交、資源問題についての話に加えて、最後に豚肉の差額関税制度について述べています。この差額関税制度は世界にただ一つ日本にだけ残された異常な輸入制度です。この制度のもつ著しい不合理性によって日本の消費者や畜産業界は大きな被害を与えられてきました。その被害は疫病に勝るとも劣らないほどのもので、コロナと同様に知らず知らずのうちに国民の利益を蝕んできたといっても過言ではありません。

　日本は自由貿易体制の中で戦後からの復興を果たし、今では自由貿易の利益を十分に享受してきています。安倍前総理は、2019年6月28日の大阪 G20 サミットで会合冒頭に次のように述べました。「今こそ、自由、公正、無差別な貿易体制を維持・強化するため、強いメッセージを打ち出さなければならない」と強調したうえで、「いかなる貿易上の措置も世界貿易機構（WTO）協定と整合的であるべき」と議長国としての強いメッセージを述べたのです。

　しかしながら、安倍前総理の宣言とは裏腹におひざ元の日本には、恥ずべきことに WTO 協定と全く整合的でない差額関税制度が存在しているのです。この制度は、その自由貿易体制を否定する貿易歪曲でアンフェアであるとまで米国から指摘されています。このことをどれほどの国民が理解しているのでしょうか。本書は国民の自覚症状が無いまま四半世紀も続いてきた我が国の貿易制度の病巣を明らかにし、国際社会の

中で生きる我が国の姿勢を正す必要性を説くものです。

　筆者にとって食糧と畜産物、中国の状況、差額関税制度は長年かけて追究してきたテーマです。特に3つめの差額関税制度は、我が国の政府において、その不合理性と条約違反を隠蔽し国内外からの追及から逃れるために分かりにくい制度設計を行い、その運用においても条約にも法律にもよらない独特のコンビ輸入という、貿易措置としては非常にまれで異常な方法がとられてきました。本書では、これら制度の複雑さを分かりやすく解説するために解説用のDVDも添付しました。差額関税制度の章をお読みいただく前に是非ご覧ください。

　本書ならびにDVDを作成するまで、多くの方々のご助力を頂きました。ひとりひとりのお名前は記しませんが、出版に当たりあらためて感謝申し上げます。

2020年12月　著者

目　次

1 2020年、米中の政治・外交は疫病と豚で動く

　2020年、疫病と豚肉が米中・日米の政治・外交政策を動かし、米国の大統領選挙にも影響を与えているといえば、納得する人が多いと思います。

　2019年までならあり得ないことを意味する「空飛ぶ豚 Pigs Fly」として一笑に付された話であったでしょうが、中国で始まった新型コロナによる肺炎（COVID-19）とアフリカ豚熱（ASF：旧名称はアフリカ豚コレラ）の感染拡大で、2020年には、誰も想像できなかった大パニックが発生し、政治・外交政策をも動かしつつあるのです。

　今般の新型コロナやアフリカ豚熱の恐ろしい点は、今のところどちらにも特効薬がないことです。新型コロナウイルスは飛沫で容易に感染し、感染しても症状が出ないまま潜伏し、次々感染した人に突如重い症状をもたらす可能性がある非常に危険で厄介な性質があります。また、アフリカ豚熱も、同じように飛沫で感染し急速に感染地域を拡大してしまいました。最終的には、どちらの伝染病もウイルス感染を確実に予防するワクチンや増殖を抑える抗ウイルス薬が開発されない限り、同じ問題が繰り返されるはずです。

　ところで、コロナウイルスと言えば、4種類のヒトコロナウイルス（弱毒性）が毎年世界中で風邪（軽症）を引き起こし、ヒトの風邪の原因の10〜15%を占めていることが知られています。冬になると多くみられる鼻風邪やセキ、のどの痛み、発熱などの症状が出ますが、致死率は非常に低く、通常は十分な休息をとれば1週間もしないで回復します。このウイルスがヒトに感染しても軽症なのは、もともと宿主がヒト

だからであり、ウイルスが生存し続けるためには、宿主が亡くなってしまっては元も子もなくなるというわけなのです。

　しかしながら過去に発生した狂暴な"新型"コロナウイルス（強毒性）では、宿主がコウモリ（SARS：サーズ、2002〜2003年中国広東省を中心に流行、致死率約9％）、宿主がラクダ（MERS：マーズ、2012年中近東を中心に流行、致死率約34％）とされています。

　コロナウイルスではなくても、野生のカモなど水禽類を宿主とした鳥インフルエンザが鶏、豚やヒトに感染した場合や、アフリカのイボイノシシを宿主とするASFが豚に感染した場合に猛威を振るうのも、そして今回の新型コロナ（宿主：コウモリ？）が、ヒトへの強い感染力と高い致死率で世界中に蔓延しているのも、強毒性ウイルスの特徴なのです。

　本来ヒトには感染しにくかったウイルスが、宿主ではないヒトに感染した場合には"高い致死率"となってしまうのです。感染者を死亡させても、本来の宿主にはウイルスが残るからです。その間にウイルスが変化して致死率の高い強毒性から致死率の低い弱毒性になれば、ウイルスはあらたな宿主すなわち新しい陣地を得たことになるのです。

　コロナの話から話題を変えて、もう一つ蔓延している伝染病、アフリカ豚熱が外交や通商に影響を与えた話をしてみましょう。それは米中貿易戦争に関しての話です。

　中国の習近平国家主席は、2018年米国による鉄鋼などの関税アップから始まった米中貿易戦争で、お互いに関税を上げ一時期には米中冷戦の幕開けなどという物騒な話もありました。加えて米国やカナダはファーウェイの制限措置など状況をエスカレートさせ、それに対して中

国は猛反発したなど、なかなか打開の糸口が見えない状況が続きました。米国の関税引き上げに対しては、中国側の対抗策の一つとして、米国産豚肉の関税を従来の12％から62％まで急激に上げて事実上輸入を禁止していました。

　ところが、2019年9月になって事態は急転します。中国側は、一方的に譲歩して急遽豚肉の関税を、国営企業を対象に元に戻し、米国産の輸入を増加させると発表したのです。なぜメンツにこだわる中国が、米国にやられっぱなしで自国に有利な展開とはならないのにもかかわらず、豚肉の輸入を増やしたのでしょうか？　その答えは、ASFの感染拡大による、中国での豚肉生産量の大きな減少が主因です。ASFによって2019年のたった1年間で中国の豚が半分になってしまい、このままでは14億の人民の大好きな豚肉が極端に不足してしまうことになったからです。その現実の前には中国のメンツもなにもあったものでは無かったのです。

　また、中国の9月からの米国産豚肉の輸入増加は、当時大統領選で苦戦中のトランプ大統領にとっても渡りに船だったのです。2020年11月に控えた米国大統領選挙の候補者を決める最初の党員集会が2020年2月3日にアイオワ州で実施されましたが、ネブラスカ、カンザス、ミズーリなどを含めたこの地域はコーンベルトと呼ばれており過去の大統領選挙では共和党の大切な大票田でした。また、もともと民主党の地盤だったミシガン、ウィスコンシン、ペンシルベニアなどラストベルト（鉄錆地帯）からの票も集めて初当選したトランプ大統領にとって中国からの鉄鋼や機械類の輸入を抑えつつ、コーンベルトの食肉や穀物の中国向け輸出の拡大ということは難題でした。図らずもASFによる中国の豚の減少によって、コーンベルト諸州への貢献はできましたが、最終的にはラストベルトの票を奪い返されたトランプ大統領は、民主党のバイデン候補に僅差で敗れてしまいました。しかしながら、コーンベル

トを含む米国中西部の得票を見れば中国の食肉輸入はトランプ大統領にとって追い風であったことは間違いなかったものと思います。

　中国は世界最大の豚肉王国で、2019年初には全世界8億頭の半分の4億頭の豚が飼育されていました。伝染病とは恐ろしいもので、2000年までの1年間で中国の半分2億頭、すなわち世界の4分の1の豚が減ってしまいました。これがどれほど大きいインパクトを世界の豚肉消費国、特に中国に与えるかというと、1993（平成5）年に起こった"平成の米騒動"で日本中に何が起こったかを思いだしてみましょう。当時はフィリピンのピナツボ火山の大噴火による火山灰が世界を覆い気温が下がった影響で、日本は冷夏となり日照不足と長雨の天候となりました。

　このような天候では、日本ではコメがとれずに作況指数が不作と言われる90を大きく割り込んだ74となってしまいました。そのためにパニックになった民衆の買い占めと、売り惜しみが発生し、米屋の店頭から米が全く無くなってしまったのです。その状態は翌年まで続いたことを苦い思い出として記憶している人も多いはずです。

　今回のASFによる豚の激減の影響には、米と豚肉、日本人と中国人の違いはあるとは言うものの、豚肉も2020年を同じように作況指数で表示すると中国で50、世界で75というとんでもない数値になってしまうのです。

　そのため、中国では豚肉が不足して世界中から豚肉を爆買いすることになる可能性が非常に高いのです。そうすると、日本が中国に豚肉を買い負けすることになるはずです。そのようなことから、日本人に身近な料理であるトンカツや生姜焼き、ハム、ソーセージはもとより、餃子、ハンバーグ、トンコツらーめん、焼豚などの食材である豚肉が、日本で

も不足する事態が起こりうるのです。

　いま世界では、豚肉の話より、中国の武漢市で発生した新型コロナウイルスによる肺炎の話題で持ち切りです。報道では、2020年11月末で全世界の感染者が、6200万人を超え、死者数も146万人を超えたとのことです。2002年11月に中国広東省で発生し、2003年7月にWHOから終息宣言が出されたコロナウイルスによるSARS（重症急性呼吸器症候群）の場合もそうでしたがウイルス性の伝染病が出た場合には、各国とも感染した恐れのある旅行者の隔離や入国拒否など蔓延しないように最善の対策で封じ込めることに努力を払っておりますが、ウイルスの感染力が高く2020年12月末月現在でも終息のメドが立っていません。

　一方のASFに関しては、ニュースとしては新型コロナ肺炎に比べて静かです。しかし、この家畜伝染病にはワクチンも抗ウイルス薬も開発されておらず、一度感染した豚は100％死んでしまいます。従って国際的な豚肉不足は、中国の防疫体制がしっかりするまで、あと数年間は続くものと思われます。その点において筆者は、こちらの伝染病も世界的には非常事態だと思っています。

2 コロナだけではない
中国発の伝染病が何度も全人類に被害を与えた歴史

欧米が気づいた！ 昔から人類に大厄災をもたらした中国発の伝染病

　中国で発生した伝染病は、古くから知られており、何度も全人類を襲い、大きな厄災をもたらしてきました。

　最近の例では、2019年12月には、中国の武漢市で新型コロナウイルス SARS-CoV-2 による新型肺炎（COVID-19）が発生し、中国から全世界に広がり、発生から半年経過した2020年5月の時点でもパンデミック（大流行）という最悪の状況は終息する見込みが立っていません。

　このパンデミックは、中国では4月に入ってからは、一応、若干収まったかのように報道されていますが、トランプ政権はあまり信用していない口ぶりです。一方、欧米各国での大流行は収束の気配が感じられず、2020年11月末の時点で、全世界で感染者は6200万人を超え、死者数は146万人を超えました。また、新規の感染者数は1日に60万人と高止まりの水準が続いています。

　最も感染者数の多い米国では1450万人、インドが950万人、ブラジルが650万人と、これらの3カ国で世界の感染者数の半数以上となっています。なお、感染者数や死者数は政府機関の発表ではなく、米国のジョンズ・ホプキンズ大学 COVID-19 Dashboard によるデータが早くかつ正確です。https://coronavirus.jhu.edu/map.html

このように全世界で COVID-19 が大流行したため、各国では都市部の
ロックダウンが行われ、世界中の人々の外出が制限され、物の移動も大
きく制限されています。当然、観光客も大きく減少してしまいました。
また、日本でもオリンピックをはじめ、展示会、スポーツ大会、コン
サート、卒業式、入学式、歓送迎会、お花見など人の集まる行事はほと
んどが中止または延期となってしまった結果、消費や物流に測り知れな
いほど大きな影響がでています。アジアのみならず欧米や南米アフリカ
での感染者数は急激に増加し、世界恐慌の再来ともいえる状況となって
います。

　これだけ感染が広がった原因は、もちろん中国の隠蔽によって初期
に武漢からの SARS-CoV-2 ウイルス拡散を防ぐことができなかったこと
や、折あしく 1 月下旬の春節の中国人旅行客によって拡散したことなど
が問題でしたが、それに加え、日本を含む各国政府が今回の伝染病を甘
く見て国内流入を阻むことができなかった上に、対策を小出しにして泥
縄的に対応したことなどもあって、最悪の状態に至っています。

　中国では過去に南部の広東省でコロナウイルス（SARS-CoV）によ
る、SARS（重症急性呼吸器症候群、2002 年 11 月発生〜2003 年 7 月終
息）が発生し、世界 32 カ国で 8439 人の感染者と 812 人の死者という大
きな被害になりましたが、今回の COVID-19 は、SARS をはるかに超え
る厄災となりました。この時の教訓がほとんど生かされていなかったこ
とは残念と言うほかはありません。

　SARS が終息した当時、WHO は、"The global SARS outbreak has been
contained."（世界的な SARS の大流行を阻止した）と発表しましたが、
SARS 自体はいまだ脅威として残っています。WHO は例年インフルエ
ンザが広まる冬季に、SARS 新型肺炎が再流行する恐れが十分あるとし
て、引き続き警戒を呼び掛けていました。

インフルエンザウイルスや風邪を引き起こすコロナウイルスなどウイルスの多くは、寒くて乾燥した環境では空気中を漂い冬季に流行しますが、今回の COVID-19 は、シンガポール、インドネシア、インド、ブラジルなど温度も湿度も高い熱帯でも猛威を振るっていますので、夏場に流行が止まるといった甘い期待は持てないかと思います。

ヒトや家畜の伝染病に中国発が多いのはなぜ？

ヒトへの伝染病以外に家畜伝染病においても、中国では毎年ニワトリに感染し大被害をもたらす鳥インフルエンザや牛・豚・羊などの家畜に感染し、これまた大被害をもたらす口蹄疫や豚熱（CSF：旧名称は豚コレラ）などが発生してきました。

鳥インフルエンザや口蹄疫、豚熱は日本でも発生し、全て殺処分され埋却されるという生産者にとって非常に過酷な状況がもたらされました。これらの家畜伝染病は空気感染や飛沫感染で広がりやすい上に、一旦感染してしまったら、特効薬もなく治療法もほとんどありません。最近の家畜伝染病の事例では、2018 年 9 月に岐阜県で発生した CSF があります。

この時は危機感の低い緩い対応だったため、瞬く間に岐阜県内での感染が広がり、その後は 2020 年 3 月 13 日までに岐阜、愛知、長野など 8 県での発生が確認される事態になっています。家畜の伝染病が発生した場合には、もちろん家畜の殺処分に加え、移動禁止や徹底的な消毒、ワクチン接種などが行われます。

鳥インフルエンザは中国やシベリアからの渡り鳥によって冬場に渡来し、毎年のように感染被害が発生しますが、口蹄疫や豚熱のウイルスがどこから渡来したのかは、毎年これらの伝染病が発生している中国が疑

われていますが、ハッキリと断定されてはいません。

　現状、日本ではこれらの家畜伝染病は野生イノシシに感染してしまった CSF を除き、全て患畜の殺処分とワクチンの接種によってかろうじて食い止めることができましたが、いつまた再発するかは分からないのです。数万頭、数万羽の家畜が殺され穴埋めにされる光景はいつ見ても恐ろしいものです。

　2018年11月からは中国では ASF（アフリカ豚熱：旧名称はアフリカ豚コレラ）が猛威を振るっています。この ASF にはワクチンも特効薬も無いため予防も治療もできずに感染した豚や猪は100％生き残れません。この ASF が原因で、2019年には中国で飼育されていた豚4億頭の半分2億頭が減少してしまいました。世界全体で飼育されている豚が8億頭ですので2億頭が減少したということは凄まじい減少なのです。

　この ASF の問題でも中国は情報を隠蔽していたため1年も経たずに中国全体のみならず、中国の周辺国まで ASF が拡散されてしまいました。幸いなことに海を隔てている日本や台湾には ASF は侵入していませんが、両国の動物検疫当局は非常に強い危機感をもって対処しています。日本の ASF 侵入防止についても当初は多少甘かったように思いますが、現在は不法に食肉製品などが感染国から持ち込まれないように罰則も強化して厳しい対応をしていることは良いと思います。新型コロナについても当初から厳しい対応をしていれば、ここまで被害が拡大しなかったと思います。アフリカ豚熱（ASF）の感染拡大に関する問題についてはあらためて説明したいと思います。

　これらの伝染病がなぜ中国で相次いで発生するかというと、以下の理由が考えられます。

①人口が多く、都市部に密集していること。

②都市部の家畜の飼養頭数・羽数が多いこと。

③公衆衛生の取り組みが遅れており、ウイルスがヒトや物に付着して感染拡大しやすい。

④珍味として雲南省や広東省に生息するコウモリ、ジャコウネコ（ハクビシン）などの野生動物を食べること（真偽は不明ですが、研究用動物も横流しされているとのうわさがあります）。

⑤生きている鶏などの家畜が都市部の生活市場（ウェットマーケット）で、三密（密集、密接、密室）状態で売られていること。今回の新型コロナも武漢華南海鮮卸売市場が発生源とされています。

⑥そして伝染病が発生した時に、責任を問われる大部分の政府の幹部や医師が発生を隠蔽しがちな体質であること。発生当初にヒト・ヒト感染が疑われるとツイートした医師が政府に逮捕され、そのため新型コロナの初動封じ込めができませんでした。

　伝染病においては、早い段階の隔離や移動制限などによってウイルスを封じ込めることが非常に大切ですが、中国では、新型コロナCOVID-19などのヒト伝染病に限らずASF、口蹄疫などの家畜伝染病が確認された時点では既に広い地域に感染が拡大してしまっているという状況になるのです。

中国発の人獣共通感染症（伝染病）の歴史

　過去に歴史を辿れば、中国の疫病が世界中に感染を拡大し、世界の歴史を大きく変えたというケースは何度も見られます。

　例えば、中世ヨーロッパで黒死病と恐れられたペストがあります。これは19世紀末に日本の北里柴三郎によって英国統治下の香港で発生していた腺ペストの原因であるペスト菌が突き止められ、その後、現在で

は抗生物質などの有効な感染防止対策がなされ流行は減りましたが、ペストは長い間人類にとって最も恐ろしい伝染病でした。細菌性かウイルス性かという違いはありますが、ペストも新型コロナ肺炎と同様な人獣共通感染症・動物由来感染症です。

　ペストの大流行は欧州では古代ギリシアから5世紀まで何度も記録されていましたが、その後は途絶えていました。しかしながら、14世紀から15世紀初頭にかけて発生した大流行では、当時の世界人口4億5000万人の2割以上の1億人が死亡したと推計されています。

　モンゴル世界帝国は14世紀の初めに極盛期を迎えますが、折あしくこのころからユーラシア大陸では寒冷化が始まりました。寒冷化が始まると、飢饉が起こります。飢饉になれば食料が不十分になるので、人間の体力が弱ります。人間の体力が弱って免疫力の落ちた身体に病原菌が感染しやすくなるのは火を見るよりも明らかです。このようにして当時のユーラシア大陸でペストがはやり始めました。

　この時のペストがどこで発生したかについては諸説ありますが、最も有力な説は中国の雲南省付近で流行し、南宋と戦っていたモンゴル帝国第4代皇帝のモンケハーン率いるモンゴル軍に感染し、それがヨーロッパに伝わったというものです。モンケハーンは、1259年に疫病によって陣中で没したと言われていますが、その疫病がペストであったようです。

　12世紀から13世紀にかけてモンゴル帝国がアジアの大半からヨーロッパにかけて広大な領土を占有したため、東西貿易が盛んになり、ペスト菌もそれに伴ってヨーロッパに侵入したと言われています。ペスト菌に感染したネズミ（中間宿主）からノミを媒介として、当時ペストが発生していた南宋から、約10世紀ぶりに遠くヨーロッパまでもたらさ

れたのです。この時のペストは中央アジア、西アジア、トルコからクリミア、東欧、イタリア、アルプスを経て、ドイツ、フランス、英国などヨーロッパ全体に広がりました。

ペストは中国が起源、シルクロードを経て世界に拡散との国際研究

2010年10月31日、米科学誌『ネイチャー・ジェネティクス（*Nature Genetics*）』（電子版）に疫病のペストは2600年前の中国で初めて発生し、シルクロードを経て欧州にもたらされたとの国際研究チームによる結果が発表されました。このDNAを解析した研究結果は、中世の欧州で全人口の3分の1が死亡したとされるペストは中国を起源とするとの説を裏付けています。

以下はこのニュースを伝えるAFP社よりの引用です。
https://www.afpbb.com/articles/-/2772233

（引用）【11月3日AFP】研究チームはペスト菌17株のDNA配列を解析し、共通の祖先から変異した病原菌の遺伝子系統を調べた。その結果、ペスト菌は2600年以上前の中国で初めて出現したことを示唆する結果が得られたという。

その後、約600年前からペストは中国からシルクロードを通じて西ヨーロッパに伝わり、さらにアフリカへと拡がった。15世紀に通商貿易航海で活躍した明王朝（1368〜1644）の鄭和（Zheng He）も、ペスト菌の拡大に「貢献」したとみられる。

さらに19世紀末、ペスト菌は中国からハワイ（Hawaii）に伝わり、サンフランシスコ（San Francisco）やロサンゼルス（Los

Angeles）などの港町からカリフォルニア（California）に上陸。米本土全域へと広まっていった。今回の発見は、ペストだけでなく、炭疽症や結核など感染性の病原菌の起源解明にもつながると期待されている。

　ペスト菌は元来、ネズミなどの齧歯類（げっし）の体内に潜伏しているが、感染した動物の血を吸ったノミを媒介としてヒトに感染する。ペスト菌がリンパ腺に伝播すると、腺ペストを発症する。

　研究はアイルランドのコーク大学（University College Cork）のマーク・アフトマン（Mark Achtman）教授が主導し、米国、英国、中国、フランス、ドイツ、マダガスカルなど、多くの国の科学者が参加して行われた。(c)AFP
（引用終わり）

　現代では現代のシルクロードである一帯一路（Belt and Road）を通じて、新型コロナウイルスは中国からイラン、イタリア、ロシアそして全ヨーロッパに伝播し、さらには北米・南米、オセアニアまで新型コロナウイルス肺炎という疫病がもたらされましたが、13世紀から現代にいたるまでシルクロードは疫病の通り道でもあったのです。

その後も続く中国の悪疫の大流行

　中国のモンゴル帝国の元朝（1271〜1368）は寒冷化による飢饉とペストによる大混乱の中、1351年から16年以上続いた「紅巾の乱」が起こり、紅巾党の北伐のため大都（北京）から北のモンゴルに撤退しました。その後、新たな中国の支配者となったのは明朝（1368〜1644）です。この明朝の初代皇帝の朱元璋（太祖・洪武帝）は貧農の生まれで文字が読めず、明朝を創った功臣や官僚を文字が読めるということだけで

粛清したと伝わっています。

　秦の始皇帝時代の焚書坑儒による儒学者の弾圧も、毛沢東時代の1966年から10年間続いた中国の文化大革命で起こった教師や官僚などインテリ層の粛清や、上山下郷運動によって大学生などの優秀な若者が地方の荒れ地の開墾に下放されたりしたことにも、相通じるものがありそうです。

　この明朝時代には英明な君主は長く続かず、結果的に暗愚な君主が長期間続くという傾向がありました。この明朝という暗黒政権は、1644年に滅亡しましたが、その主因も飢饉と疫病の大流行でした。明朝末期には、飢饉が続き、さらにペストや天然痘が猛威を振るい、飢饉によって体力を失った民衆に相当数の死者が出ました。加えて、各地で食い詰めた農民の反乱が勃発し、匪賊などが全土に横行するようになったと言われています。中国で王朝が倒されるのは飢饉と悪疫が発生し国が乱れることが主要因となっているようです。

　明朝末には混乱をついて満洲でヌルハチが率いる女真族が明から独立し、後金国を1616年に建国、その後ヌルハチ（太祖）の後を継いだホンタイジ（太宗）が清朝を建て、1644年に明朝を滅ぼし中国を征服しました。このころの日本は江戸時代の寛永年間で3代将軍の徳川家光の時代でした。

　その清朝でも末期の1820年には広東でコレラが大流行し、瞬く間に翌年には北京にも広まりました。その2年後の1822年10月から11月中旬にはコレラは初めて日本に上陸し、全国に感染が広まりました。鎖国中の江戸時代末期の日本にどのようにコレラは侵入したかというと、中国との貿易拠点である長崎経由で伝わったという説と、朝鮮から対馬経由で入ったという説の2つがあります。

　また、19世紀末には雲南省で発生したペストが中国全土に広がりました。この時のペストは、広東省から香港を経由し、苦力（中国人労働者）とともに船でサンフランシスコに伝わり、大陸横断鉄道によって、全米に流行しました。この時の香港は英国の統治下にありましたが、英国側の調査に対して、当時の香港の衛生担当者は「ペストなどは発生していない。雨さえふれば疫病など大丈夫」と答えていたそうです。いつの時代にも隠蔽工作はあるもので、今回の武漢での出来事とまったく同じです。

20世紀に入ってからの疫病の大流行

　1918年から1920年にかけて世界各国で「スペイン風邪」（Spanish Flu）と呼ばれるインフルエンザが猛威を振るいました。この時には世界の人口の4分の1に相当する5億人が感染し、世界中で推計2000万人から5000万人ともいわれる死者数（死亡率4〜10%）となりました。日本も大きな被害を受け2380万人以上が感染し、39万人が死亡しました。

　「スペイン風邪」という名称から、スペインが発源地と誤解されやすいのですが、そうではなく、第1次世界大戦時に中立国であったため情報統制がされていなかったスペインでの流行が大きく報じられたことに由来しています。当時は英国やフランス、アメリカ、ドイツでも感染者が増えていたのでしたが、これらの国では戦争に影響がでる情報は検閲されて大きく報じられなかったのです。

　スペイン風邪（インフルエンザウイルス）の起源については、色々な説があります。それらは、当時はDNA解析などの技術がなかったので、全て仮説の域をでていませんが、その起源はこれまた中国が有力であるとの説があります。それらの仮説を年代順に並べると以下のとおりになります。

①「中国に由来するウイルスが、アメリカのボストン近郊で変異した
のち、第1次世界大戦の米兵に感染し、フランスのブレストに渡っ
てヨーロッパ全域に広まり、その後連合国の兵士を主な媒介者とし
て全世界に広まった」との説があります（パリのパストゥール研究
所の研究者クロード・アヌーン Claude Hannoun　1993年）。
②フランスのエタブルに在った10万人規模の大規模な英軍基地で
1916年末にスペイン風邪と症状が類似する致死率の高い新種の病
気が流行し、それが1918年に流行したスペイン風邪の起源である
としています（ジョン・オックスフォード教授、ブリザード研究
所、クイーン・メアリー・カレッジ、ロンドン　2008年）。
③「1917年11月に中国北部で流行した呼吸器系の病気はのちに中国当
局者によってスペイン風邪と同一のものと確認されている」ことを
根拠に中国起源説を述べています（Humphries, Mark Osborne. "Paths
of Infection: The First World War and the Origins of the 1918 Influenza
Pandemic"　2014年）。

　ただ近年になってスペイン風邪の病原体は、A型インフルエンザウイ
ルス（H1N1亜型）であり、最近のゲノム解析によって鳥インフルエン
ザから変異したウイルスであることが分かりました。このウイルスは鶏
やアヒルなどの家禽類から濃厚接触によってブタまたはヒトに感染し、
感染と変異を繰り返すうちに、ヒトからヒトへの感染を引き起こす変異
を起こしたと考えられるのです。そのようなことから筆者としては、鶏
や豚がヒトと濃厚接触する機会の多寡を考慮すると、人獣共通感染症で
あるスペイン風邪（スペイン感冒）も中国起源説の可能性が最も高いの
ではないかと考えています。

　スペイン風邪が流行った当時の人々にとって、これは全く新しい感染
症であり、スペイン風邪に対する免疫を持った人がゼロであったこと
が、世界中にこの大流行と大被害をもたらした原因だと考えられている

のです。

　20世紀になってから、ウイルスによる人への感染症の地球規模の大流行は3回ありました。このスペイン風邪と、1957年のアジア風邪、1968年の香港風邪です。いずれも中国発のインフルエンザが疑われています。21世紀に入ってからは、2002年に発生したコロナウイルスによるSARSも中国発の感染症でした。そして今回のCOVID-19の世界的パンデミックです。

　以下は2006年10月に㈶海外邦人医療基金のニュースレターに発表された長崎大学熱帯医学研究所大利昌久教授の近年に発生したインフルエンザウイルスのパンデミックについての論考です。少し長いですが、そのまま引用します。驚くべきことに、全ての新型インフルエンザは中国発と述べています。

　https://jomf.or.jp/include/disp_text.html?type=n100&file=2006100103

　（引用）
　続・話題の感染症3「インフルエンザ」

　㈶海外邦人医療基金（顧問）長崎大学熱帯医学研究所（客員教授）
　おおり医院（院長）大利昌久

　1）新型インフルエンザの発生地
　人類は、20世紀に「戦争の世紀」と言われるほど、多くの戦争を経験した。その戦争での死者をはるかに超えたのが、過去4回経験した新型インフルエンザである。特に1918年から1919年にかけて、大流行（パンデミック）したスペイン風邪は、感染推定6億人におよび、推定2,500〜5,000万におよぶ人が亡くなった。日本でも2,400万人が感染し、39万人が死亡したといわれる。

この大流行が航空機の便が良くなった現在、再び、今、発生したら、この地球上の人口は1週間以内に5〜6億人が死亡するとも言われている。そうなると、世界の社会機能は、ほぼ完全に破綻するだろう。これはもう地球の未来を危うくする疾病の類だ。その後の調査で、この新型インフルエンザはH1N1型であったことがわかった。この新型インフルエンザは、その後、イタリア型に姿を変え、約40年続いた。

　その後、1957年から1958年にかけて、アジア風邪（H2N2）が大流行。1957年に中国で初発し、6月には米国にも流行が及び、約7万人が亡くなった。日本では65万人がかかり、5,700人が死亡した。このアジア風邪は、約11年続いた。

　3度目は、香港風邪と呼ばれる新型インフルエンザ（H3N2）で、1968年に香港に発生し、年末には米国にも流行し、約400万人が死亡。日本でも1,000人（13万人感染）が亡くなった。その後、H3N2は1968年以来35年間も続いた。

　4度目のパンデミックは、1977年、香港ではじまったインフルエンザH1N1型の復活で、ソ連風邪と言われ、約2,000万人が亡くなった。H1N1は1977年以来25年以上続き、少しずつ変異をとげている。

　最初のスペイン風邪は、中国に駐在していた米国人が感染し、ヨーロッパに従軍して発病し、流行を広げたといわれるので、すべて、新型インフルエンザの発生源は中国（含香港）と言える。

　さて、今回、新型インフルエンザの流行のはじまりも、やはり中国である。1997年12月、香港新界地区で6,500羽のニワトリが次々

と変死。そのうち、九龍地区の３歳男児が発病し、次々に18人が感染、６人が死亡した。丁度、H3N2香港風邪も流行中だったが、この流行は、H5N1型の強毒性新型ウイルスだった。

　この新型ウイルスの出現は、多くのウイルス学者を恐怖におとしいれた。トリインフルエンザが、鳥から人へ直接感染した可能性が考えられたからだ。誕生したばかりの香港特別行政政府は、大英断を下し、３日間で約160万羽のニワトリ、アヒルなどを殺処分し、流行を食い止めることに成功した。

　しかし、2003年、東南アジアを中心にH5N1型がニワトリの間で大流行し、2004年には、日本にも上陸した。感染拡大はスピードを上げ、アジア地域だけでなく、中国奥地からシベリア経由で、中央アジア、カザフスタン、そしてトルコ、ルーマニア、クロアチア、イタリア、ドイツ、フランスにまで飛び、人への感染例が増えた。

　中国奥地には多くの野鳥がおり、ニワトリ、アヒルなどが、その近くで飼われている。中国最大の塩水湖（琵琶湖の６倍）、青海湖（青海省）の野鳥に疾病が潜んでいる可能性が高い。中国では、このウイルスのことを湖の名、青海湖（QingHai湖）を付けて「QingHai Virus」と呼んでいる。2003年から2004年の冬に、H5N1の爆発的流行があった時、この青海湖には、200種類、300万羽の渡り鳥が空をおおうように群れていた。そして、2005年夏には、青海湖の野鳥からH5N1が確認された。この湖を監視していた香港大学のチームが、まるで酔っ払っているかのように左右によろめいて歩いている野鳥に気がつき、その病気の野鳥からH5N1を検出したのだ。その鳥は、カモメだった。

中国農務省は2005年7月に、この青海湖で野鳥6,000羽以上がトリインフルエンザで死亡。H5N1がPCR法で確認されたと発表した。そして、その時期に200名感染し、121名が死亡したという（死亡率60%）。この実情は、不思議なことに、WHOの記録には残されていない。中国は、この事態に驚き、たまたま訪日中だった呉儀副首相は、小泉首相との会議予定を蹴って急に帰国したのだ。実は、靖国神社云々で会議を蹴ったのではなかったのである。この事件は記憶に新しい。結局、300万キットのワクチンを緊急配備。この湖周辺の交通網を強制的に締め出し、とりあえずは外部への流行は遮断できたと発表した。呉儀副首相は、2002年から2003年に発生したSARSの撲滅に活躍し、当時、厚生大臣で、敏腕を振るった功績がかわれ、副首相に抜擢された女傑である。

　2003年から2004年、いわゆるトリインフルエンザ（H5H1）が、アジア地域を中心に流行し、10ヵ国で人への感染があった。2006年9月19日現在、247人発病し、144人が死亡した。死亡率は、58.2%だった。なかでも、憂慮すべき問題は、10歳から19歳で73%、20歳から29歳で63%の死亡率を占めたことだ。これは、幼児や高齢者がハイリスクとされる一般のインフルエンザと全く異なるのだ。この原因は、H5N1ウイルスにより誘導される過剰免疫反応（サイトカインストーム）だといわれる。

　中国発の新型インフルエンザ、これを地球上から撲滅するためには、中国の真摯な努力が必要である。
（引用終わり）

清浄の思想を持たない中国人

なぜ中国では伝染病が多く発生し感染が広がるのでしょうか？　①人

口密度が高い。②都市部での家畜の頭数・羽数が多い。③公衆衛生の観念が希薄、不潔。④野生動物や珍味の摂食。⑤市場で生きた家畜（鶏など）がその場で絞めて売られている。⑥伝染病の発生の隠蔽。以上の6つの主要因によるものと先に述べました。

　実際に筆者は2003年ころからほぼ10年間、日中合弁会社の経営にかかわることになり、北は内蒙古自治区や遼寧省、南は広東省、西は新疆ウイグル自治区のカザフスタンとの国境近くまで、多くの地域を回りましたが、当時から現在に至るまで、中国は公衆衛生の観念が希薄で不潔であると肌で感じました。

　いまでもゴミのポイ捨てが多いこと、唾や痰を吐く人が多いこと、公衆トイレが非常に不潔なことや道端で用便する人がいることなど、驚くことの連続でした。最近は北京や上海などの大都市部では多少綺麗にはなりましたが、ゴミのポイ捨てはよく見かける光景です。

「シンガポールは、中国系の人々が7割以上ですが、中国とは大きく異なって清潔で美しい街並みを維持しています。なぜでしょうか？」私が1985年に初めて訪問したシンガポールで、日本の商社のシンガポール駐在員にこの質問をした時の答えは、次のとおりでした。
「リークワンユー首相（当時）は非常にうまく中国人の悪い習慣を止めさせているのです。中国人が犯しそうなことを全て軽犯罪として罰金を徴収しています。中国人にとってお金は命の次に大切です。誰もが罰金を払いたくないので、シンガポールは綺麗になりました」というものでした。その答えを聞いて「なるほど」と合点がいきました。

　余談ですが、シンガポールの軽犯罪（罰金）は、日本人旅行者でも気を付けないと取り締まりに遭う危険性があります。2020年5月現在で、シンガポールでやってはいけない例を示してみましょう。

電車・地下鉄内での飲食は最高1000ドルの罰金です。日本でもペットボトルを電車内で飲む方がいますし、子供にチョコレートやスナック菓子を食べさせる親がいますが、シンガポールではダメです。ちなみに1シンガポールドルは75円ですので1000ドルは7万5千円の罰金になります。

それ以外にも横断歩道・歩道橋を利用せずに道路を横断50ドル、鳥へのエサやり1000ドル（公園でハトにエサをやってはいけません）、公衆トイレで利用後に水を流さない1000ドル、ゴミのポイ捨て1000ドル（ポイ捨ての再犯は最高2000ドル＋清掃作業です）、喫煙場所以外での喫煙1000ドル、唾や痰を吐いたら1000ドル、深夜10時半から朝7時まで屋外での飲酒1000ドル、家庭での不注意による水溜まりなど蚊の発生を防止する行為を怠ると1万ドルの罰金、ガムの持ち込み5000ドル、タバコの無申告持ち込み1万ドルなどなど。

例えば、喫煙所以外の場所でタバコを吸って1000ドル、吸い殻をポイ捨てで1000ドル、つまり吸ってポイで、2000ドル（15万円）の罰金が科せられます。もしそれが未申告で持ち込まれたタバコであったら追加1万ドル（75万円）、合計90万円の罰金ということになります。タバコのポイ捨てにかかる罰金を甘く見てはいけません。

このようにシンガポールは、特に不道徳な一部の中国人や外国人が犯しやすい行為に対して様々な刑罰を科して国を美しく保っているのです。ある人はシンガポールを Fine Country と呼びますが、Fine（立派な）国という意味がある反面、Fine（罰金）の国ということもあるようです。これは、赤道直下で、疫病やマラリアなど熱帯の風土病が発生しやすいシンガポールだから、少しでも気を抜くと、清潔な環境が破壊されるのを厳しく律しているのだと思います。

　なお、シンガポールが罰金で禁止していること、すなわち電車内で飲食をし、道路を勝手に横切り、鳥や動物にエサをやり、トイレの水は流さず、ゴミをポイ捨てし、路上でタバコは吸い放題、もちろん吸い殻はポイ捨て、唾や痰を道端に吐いている光景は、筆者の経験では、中国の都市の裏道に入ればよく見かけます。

　ここでは筆者は、なにもシンガポールのことを解説しようとしているのではありません。中国人の習慣によって清潔な環境が汚されている現実を述べているだけです。そして、伝染病が蔓延する素地が汚れた環境の中にあることを述べたかったのです。

武漢研究所起源説と新型コロナウイルス

　さて、今回の新型コロナ肺炎では世界中に大きな人的、経済的な被害が出ていますが、欧米各国では程度の差こそあれ、中国に対してコロナ禍を引き起こした責任を追及する声が上がり始めています。

　その責任追及の争点は、一つは「中国科学院の"武漢病毒研究所"（武漢ウイルス研究所）から出たウイルスに感染したヒトまたは動物（コウモリか？）が、新型コロナ肺炎を人々に感染させ、それが世界に蔓延してしまったのではないか」という武漢研究所疑惑。もう一つは「中国が早期に新型コロナウイルス肺炎がヒトからヒトに感染することを知りながらこの事実を隠蔽して、結果的に世界中に新型コロナ肺炎を大流行させてしまったのではないか」という事実です。

　中国人研究者の論文によると、2019年12月1日に確認された最初の感染者や、最初の感染集団の3分の1以上の人々は海鮮市場と繋がりがなく、また、市場ではコウモリが売られていなかったということだそうです。私自身はこの論文を読んでいないので分かりませんが、たぶん本

当だろうと思います。

　私は、10年前に武漢に行ったことがありますが、武漢でコウモリを食べるという習慣は聞いたことがありませんし、北京、上海などの大都市の海鮮市場・食肉市場でコウモリが売られていたのを見たこともありません。中国人の友人たちにコウモリを食べたことがあるかと聞いたところ、ほとんどが顔をしかめて「そんなもの食べたことはないし、食べたくもない」と言われました。

　コウモリを食べる地域は、中国でも非常に限られており、雲南省、広東省など中国の南西部の一部だけだったと記憶しています。また、鳥インフルエンザがヒトに感染するためには、相当な数の生きた鶏に濃厚接触しなければなりませんし、ブタ経由でヒトに感染することもあると聞いたことがありますが、これも生きた動物と濃厚接触しなければ容易にヒトには感染しないはずです。私には武漢の華南海鮮卸売市場がウイルスの起源であるとは思えません。とはいえ、華南海鮮卸売市場の閉鎖は続いており、時とともに「ここが起源か否か」の証拠が既に無くなってしまったと思われるため真相は闇の中になってしまったと考えられます。

　次に中国による隠蔽工作の問題ですが、こちらは多くの証拠が残っています。
　一例をあげると、有名な話ですが、2019年12月末に中国の故李文亮医師がSARSと同様な肺炎が人から人へと感染しているとSNSで医師仲間に連絡した時に中国の武漢市政府は連絡を受けた医師もろとも呼び出し訓戒処分を行ったため、初動の封じ込めができなくなりました。

　連絡を受けた医師仲間が、当局からの処分によって医療活動が制限されることを恐れて、感染が広がっていることを知りながらも口を閉じて

しまったのです。最初に医師仲間に通知した李医師は自らも新型コロナ肺炎に感染して亡くなりましたが、中国国内で大きな社会問題化したため、中国政府から訓戒処分の取り消しと名誉回復がなされました。これは大変異例なことです。

　しかしながら、李医師に続いて新型コロナ肺炎について研究し発表した中国人研究者のほとんどは、中国当局によって口封じされてしまいました。

　フランスのRFIの報道（2020年2月29日付）によると、『サウスチャイナ・モーニング・ポスト』の報道で、上海公衆衛生臨床センターの張永鎮教授と復旦大学公衆衛生学部が率いるチームが1月5日にCOVID-19の遺伝子配列を発見し、国家保健衛生委員会に報告したとのことでした。その際、当局が情報の拡散を防ぐため、当局の指示があるまで発表を控えるように要請していたようですが、一刻も争うような感染拡大に対処するため張教授のチームは、当局は肺炎ウイルスに対して対処する意図がないものと判断して1月11日に遺伝子配列を開示することにしたとのことでした。
（http://www.rfi.fr/cn/中国/20200229-上海实验室发表全球首个病毒基因排序翌日突遭当局关闭）

　1月11日に新型コロナのゲノムを発表した上海の研究施設は、翌日閉鎖され、発表したチームや初期に感染拡大を報じたジャーナリストは、姿を消してしまったとも言われています。

　加えて中国当局は、中国国内において、情報管理のため、武漢肺炎、COVID-19、武漢ウイルス研究所、SARSなどの単語の入ったメール、SNS、WEBなどを全て削除しアクセスできないような隠蔽工作を行っていました。

米 AP 通信は 4 月 15 日、中国当局が新型コロナウイルスの深刻な脅威を今年 1 月 14 日に中国国家衛生健康委員会の馬暁偉主任が、地方衛生当局者らとの電話会議で、コロナ感染は 2003 年の重症急性呼吸器症候群（SARS）流行以来「最も深刻な危機」で「衛生上の大問題となる恐れがある」との認識を示したことを記していた文書を入手したと伝えています。しかし、中国がヒト・ヒト感染を発表したのは 1 月 20 日でしたが、WHO にはそれまで通知していなかったのです。

　このような中国による隠蔽工作によって WHO の新疾患部門の責任者であるマリアヴァンケルホーフは、コロナウイルスの人から人への伝染は限られており、主に家族内の小さなクラスターであったと語り、「私たちには今のところ持続的な人から人への感染は認められない」との認識を 1 月 14 日に述べています。結局のところ、WHO は十分な調査をせずに中国の発表を鵜呑みにしていたのです。

　新型コロナウイルスがどこで人に感染したのか、起源について米中で論争が続いていますが、米国のポンペオ国務長官が、5 月 3 日に米 ABC テレビの "This Week" で発言した。「新型コロナが武漢の研究所に由来するという大きな証拠がある」とか、それ以前にあったトランプ大統領の「新型コロナが中国の研究所から発生した証拠を確認した」との発言も、もちろんトランプ政権の対応の遅れをカバーしたいとの意図があるのは明白です。なにしろ 2020 年 11 月には大統領選挙が控えているわけですから、このままの状態では、選挙に悪い影響があるのは明らかです。

　そのため、中国に大きな問題があることを強く指摘しているのです。武漢研究所疑惑については、米情報機関が、武漢研究所から新型コロナウイルスが事故によって流出した可能性を示唆する証拠を握っているようにみえます。加えて米紙『ワシントン・ポスト』が 2020 年 4 月 14 日

に報じた「2年前の外交公電によると、在中国米国大使館の科学専門家を2018年1月から数度武漢研究所に派遣し、武漢研究所の安全運営上の問題が指摘されていたことが、武漢研究所からの新型コロナ流出説の最終的な証拠にはならないものの疑わしい」との論拠になっていると言われています。

また、中国の隠蔽工作を信じたWHOは、新型コロナウイルスは武漢研究所から流失したものとのことを否定し、「ウイルスの遺伝子配列は人工的なものでは無く自然起源のものである」と述べているそうです。私は、遺伝子配列が人工的なものではなく自然起源のものであったとしても武漢研究所からの流失否定の論拠にはならないと考えます。なぜならば、武漢研究所のコウモリが人工的でなくても自然起源のウイルスに感染していたはずだからです。

過去に発生したSARSコロナウイルスは広東省のジャコウネコ（ハクビシン）によるものとの説がありましたが、現在ではコウモリがヒトとジャコウネコのSARSの共通の起源であったことが知られています。再度述べますが、そのコウモリもジャコウネコも冬の武漢では自然界に存在していないことや武漢華南海鮮市場では販売されていなかったことから、中国政府が発表しているように海鮮市場が新型コロナの起源だとは思えません。

また、あまり知られてはいないことですが、新型コロナウイルスが発生する3カ月前の9月18日に武漢の天河空港で幾つかのシナリオでテロ対策の演習を行い、その一つに、新型コロナウイルスの防疫訓練というものがあったのです。実際に湖北省政府のホームページには、「旅客通路において新型コロナウイルス感染者が発見され、ウイルス感染への処置をすべてのプロセスで行った。訓練は流行疫学調査、医学的一斉検査、臨時検疫区域設置、隔離実験、患者の転送と衛生処置など多方面に

わたって実施された」とあります。

（http://www.hubei.gov.cn/zhuanti/2018zt/sjjrydh/201909/t20190926_1413656.shtml）

　これは2019年10月18〜27日に武漢で開催された世界各地から軍人が集まるスポーツの祭典であるミリタリーワールドゲームの準備として行われた演習でありましたが、タイミングがあまりにもドンピシャと合い過ぎているように思えます。

　また、米国の国土安全保障省が５月４日に作成した内部報告書で、「中国が１月初旬に新型コロナ肺炎の危険性を把握していたにもかかわらず、WHOに通知しなかった。それは感染拡大の防止に必要な医療物資（マスクや白衣など）を海外から大量に買い占めるため、国際社会に意図的に公表しなかった」という内容をまとめています。中国が前もって自国だけに新型コロナの感染爆発対策を行っていたのではないかということからも欧米各国の中国に対する不信感があらわれています。

　なお、中国国内での新型コロナの感染爆発を早い段階で知り万全な対策で被害を最小限に収めた国がある事実に注目すべきです。そうです。ご存じのその国とは台湾です。台湾は、武漢で起きている感染拡大の事実を早い段階でWHOに通知したのは周知の事実ですが、中国に忖度したのか妨害を受けたのか分かりませんが、WHOは台湾からの通知を無視しました。台湾と欧米各国の被害の差を見れば歴然たるものがあります。結果的に、WHOは中国とともに世界中に新型コロナ肺炎を蔓延させてしまった責任があると思います。

　加えて、新型コロナウイルスの発生源や感染拡大の経緯を巡り、独立した調査が必要だとオーストラリア政府は主張し、５月半ばの世界保健機関（WHO）総会で議題になるとの立場を示しましたが、それに対し

て中国政府は中国責任論の高まりを警戒して猛反発しています。中国が反発すればするほど世界各国の中国に対する不信感は増大するでしょう。

　いずれにしても、中国がどのように責任逃れをしても猛反発をしても、人的にも経済的にも非常に大きな損害を被った欧米をはじめとした世界各国が5000兆円とも6000兆円ともいわれる賠償金を請求する可能性は否定できませんし、訴訟王国のアメリカでは既に中国に対して集団訴訟を起こしていますし、将来的には中国の対外資産を押さえる動きがでてくるのは時間の問題だと思います。

　この海外の中国資産を押さえる動きについてですが、基本的には中国国営企業の資産、中国共産党幹部の対外資産、そして中国政府が保有している米国債や証券などです。このなかで、特に中国政府すなわち中国共産党の幹部にとって最もダメージが大きいのは、習近平国家主席をはじめ、温家宝前総理、李鵬元総理のほか胡錦濤前国家主席、鄧小平、人民解放軍創設者の1人、葉剣英、元大将の粟裕、元中国人民銀行総裁の戴相竜、元全人代常務委員の王震、彭真など歴代の中国共産党幹部や人民解放軍幹部のファミリーがタックスヘイブンや米国、スイスなどに隠し持っていると言われる100兆円以上の巨額秘密資産を米国に押さえられることです。

　何しろ、中国人にとって命の次に大事なのがお金ですから、表面では米国などに対して強硬な態度を見せる中国ですが、これらは国内向けのジェスチャーであり、本当のところは米国と本気で喧嘩はできないのではないかと筆者は考えています。

欧米で新型コロナ患者が増大している理由

　本書を書いている2020年11月現在、COVID-19はヨーロッパでは第2波で感染者が更に増えていますが、2019年11月にパリに旅行した筆者の経験からすると、欧米で新型コロナの感染者が増加しているのは、欧米人の生活習慣によるものではないかと思っています。

　パリの人々は、日常的にキスやハグ、握手をする割にマスクの装着率は低く、手も洗わず、大声での話し好きです。スペインやイタリアに行ったことはありませんが、ラテン系の人々の間で感染が広がるのは当然なことではないでしょうか。

　また、貧富の差が大きいことも理由の一つだと思います。お金持ちならば車で移動し、三密にならない場所で過ごし、ホームドクターもいるのでしょうが、貧困移民やジプシーなど貧乏な人々は衛生観念が薄い上に、満員の地下鉄やバスなどを利用せざるを得ず、医者に行くお金も無いので感染者も病死者も多くなっているのではないかと思っておりました。米国やブラジルなどもどちらかというと経済的な弱者の間で感染が大きく広がっているはずです。

　その逆が、キスもハグもしない、ジプシーも貧困移民もほとんどいない我が日本です。日本では緩い規制であったのに感染爆発も死者も少ないという理由が分からないと海外のマスコミ等では騒いだ時期がありましたが、私は日本での感染者や病死者が少ないのは不思議なことではないと思っていました。

　ただ、このような自粛生活や引きこもり生活が続くと経済が回らなくなるのは当然です。厚労省のHPを見ますと、例年インフルエンザに罹る患者数は1千万人でインフルエンザが元で亡くなる方は1万人とあり

ました。それからすると COVID-19 はたいしたことではないと厚労省は言いたいのかもしれません。

　私は感染症の専門家ではありませんが、ヒトを宿主とするコロナウイルス（弱毒性）が風邪（鼻風邪やセキ風邪）の原因の15％くらいということで、ヒト・コロナウイルスにワクチンが無いのであれば、COVID 19 のワクチン開発も困難ではないかと思います。仮に開発できたとしてもウイルスの変異によって効果が無くなるのではないかとも思っています。

　いずれにしても COVID-19 が、将来ヒトを宿主とする弱毒性ウイルスに変異して人間と共存できるようになるまで、私たちは感染しないように耐えてゆかなければならないのかもしれないと漠然と思っています。

更に続く中国発の伝染病の脅威　ASF による食肉・穀物問題

　中国で発生している伝染病は、なにもヒトに感染するコロナウイルスやインフルエンザウイルスに限った話ではありません。

　次に述べるのは、伝染病として直接ヒトに被害を及ぼしてきた中国からの新型コロナウイルス肺炎の世界的な大流行の陰に隠れて、中国ではアフリカ豚熱のパンデミックが起こっているという事実です。例によって中国政府はこの ASF の発生件数を非常に少なく発表し、最近は統計データを発表せずに隠蔽工作をしていますが、こちらは豚肉の価格の高止まりという事実があるため、「頭隠して尻隠さず」ということになっています。

　この ASF の蔓延による脅威は何を意味しているのでしょうか？　そ

れは、世界の食肉や穀物が不足するということです。近い将来にはトウ
モロコシや小麦など穀物の価格が上昇する可能性が高くなる恐れがある
ということです。

3 中国で恐怖の伝染病アフリカ豚熱が大流行

食料危機と買い付け競争。豚肉だけではなく、穀物にも影響

未だに終息のメドが立たないというと、世界中で猛威を振るっている新型コロナ肺炎（COVID-19）のことだろうという方が多いと思います。2020年1月からは毎日のように COVID-19のニュースが朝から晩まで続いてきました。しかしながら中国でパンデミックを起こして、隣国に感染を拡大しつつある伝染病はそれだけではありません。

ここでは中国で2018年に発生した恐怖の伝染病、アフリカ豚熱（ASF：旧名称はアフリカ豚コレラ）について述べてゆきたいと思います。筆者が非常に大きな危機感を持っているのは、ASF が2020年代の世界の食肉や穀物需給にメガインパクトを与えることが必至であることが危惧されているからです。

世界の飼養頭数8億879万頭の半分以上を占める推定4億3600万頭（2018年1月）の飼養頭数を誇った豚肉大国"中国"ですが、東北部（旧満州）の遼寧省で2018年8月に発生したアフリカ豚熱（ASF）は、発生からすでに約1年以上経った現在も、全く終息のメドが立っておりません。その後も感染は広がり、いまや中国全土に広がり、2020年初では3億3500万頭（図1）と2018年1月から1億頭近く飼養頭数を減らしています。

また、新型コロナの感染同様に、中国からさらに周辺国のモンゴル（2019年1月）、ベトナム（同年2月）、カンボジア（同年3月）、北朝鮮（同年5月）、ラオス（同年6月）、フィリピン（同年7月）、ミャン

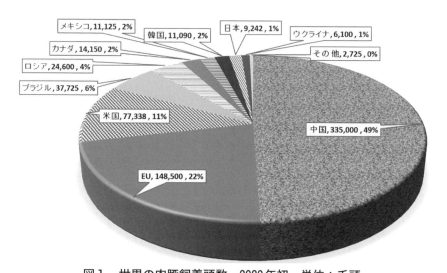

メキシコ, 11,125 , 2%
韓国, 11,090 , 2%
日本, 9,242 , 1%
ウクライナ, 6,100 , 1%
カナダ, 14,150 , 2%
その他, 2,725 , 0%
ロシア, 24,600 , 4%
ブラジル, 37,725 , 6%
中国, 335,000 , 49%
米国, 77,338 , 11%
EU, 148,500 , 22%

図1　世界の肉豚飼養頭数　2020年初　単位：千頭
出典：USDA FAS（注1：USDA 統計ではベトナムとフィリピンが抜けている）

マー（同年8月）と次々に感染地域を拡大し、そしてついに9月には韓国へと感染が広がって、深刻なパンデミックという最悪の状況となりました。

なぜ ASF が急速にパンデミックとなってしまったのでしょうか？

どうしてこのように速いスピードで蔓延したのか？　中国は感染拡大を防ぐことはできなかったのでしょうか？　COVID-19とよく似た経緯をたどって中国全土に非常に速く感染が拡大してしまいました。その感染拡大の経過は次のとおりです。

- 中国でも ASF に感染したと疑われる豚が出た場合には、速やかに獣医が検体をとって、ウイルス検査をする家畜検査施設に持ち込み

ます。

- ASF の豚が養豚場で発見された場合には、もちろん世界中どの国でも発生農場で全頭殺処分や家畜の移動禁止となります。

- しかしながら、酷い話ですが、地方政府の予算不足のため補償金が支払われず、逆に殺処分の経費を請求されるケースが相次ぎ、養豚生産者が大きな損失を被らざるを得ませんでした。

- そのため、大部分の養豚生産者は、自分の家畜がくしゃみをしたり鼻水を流したり、風邪のような症状になったりした場合、もしかして ASF に感染したのではないかと疑って、ASF が確認される前に大幅な損失を防ぐため、繁殖用の種豚・母豚から肉用肥育豚、子豚まで全てをと畜場や生体市場に販売してしまうようになりました。生体市場で購入された感染豚が他の養豚場に感染を広げたことは言うまでもありません。また、養豚繁殖用の種豚や母豚まで売ってしまうと言いましたが、それは養豚業を廃業することと同じです。将来、肉用に肥育する子豚が得られなくなるためです。

- もちろん中国政府は、ASF 感染が発見された省の豚肉を、他省や大都市に輸送し販売することを禁止してはいましたが、一般大衆が手土産など、手荷物として持ってゆくことを禁止することが困難であったため、その結果、汚染された豚肉や豚肉製品も流通し、それらが食品残渣（残飯）として豚に給餌され急速に感染が拡散されていきました。

- 日本でも羽田空港、関西国際空港や新千歳空港などで中国人観光客が不法に持ち込んだ中国製ソーセージなど食肉加工品から ASF ウイルスが見つかったなどというニュースをご記憶の方も多いと思います。伝染病はヒトも家畜もこのようにして日本国内に持ち込まれるのです。

- 日本の農水省のデータによると中国での ASF 発生（初発生2018年8月）の正式な報告件数はわずか166件（12月末現在）です。これはベトナム（飼養頭数　約2740万頭、初発生2019年2月1日）の

発生報告件数が5941件であることと比較しても、極端に少ない件数です。このことから中国がASFなど家畜の伝染病の発生状況を隠蔽しているのは間違いないと思います。

- 中国で大量の豚が殺処分されたというニュースもほとんど聞いたことがありません。このことによってもASF患畜が発生の報告もなされないまま中国全土に流通・拡散してしまったことが裏付けられているのです。

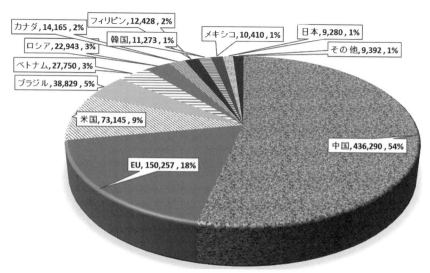

カナダ, 14,165 , 2%
フィリピン, 12,428 , 2%
韓国, 11,273 , 1%
ロシア, 22,943 , 3%
ベトナム, 27,750 , 3%
ブラジル, 38,829 , 5%
米国, 73,145 , 9%
EU, 150,257 , 18%
メキシコ, 10,410 , 1%
日本, 9,280 , 1%
その他, 9,392 , 1%
中国, 436,290 , 54%

図2　世界の肉豚飼養頭数　2018年初　単位：千頭

出典：USDA　FAS
注１）ベトナムの飼養頭数2015年　出典 ALIC
注２）フィリピンの飼養頭数2017年　出典 FAOSTAT

コラム　中国人にとって貴重な豚

中国は世界最大の豚肉大国です。2018年までは年間７億頭の豚を生産し消費していました。中国では豚肉価格の値上がりや値下がりが直接消費者物価指数に影響するほどで、経済に、環境に、大きな影響を及ぼ

しています。

　中国では肉といえば豚肉というほどで、多くの中国人にとって旧正月のお祝いには遠くに出稼ぎに出た家族が故郷の実家に集い、豚肉で餃子を作って一家団欒を祝う風習があります。また、豚肉はいつも中国の料理において中心です。頭から足の先、尻尾まで、中国では豚のすべてを食べます。

　ところで、中国語では日本で呼ぶ「ブタ」の事を「猪」と呼んでいます。2019年は日本ではイノシシ年と呼んでいますが、中国では「猪年」は「ブタ年」ということになるのです。なお、野生のイノシシは中国では野猪と呼ばれています。

　中国の豚の飼育の歴史は、今日から７千年以上前の新石器時代（紀元前７千〜５千年）、河南省鄭州市の裴李崗文化まで遡ることができます。この時代は黄河長江流域文明と呼ばれていますが、そのころから野生のイノシシを家畜にした養豚が始まっており、ヒトと一緒に家で飼育されていました。漢字の家という文字は、屋根を表すウカンムリ「宀」の下に豚を表す「豕」でできており、古代中国の人々にとって、すでに豚は神様や祖先への捧げものや冠婚葬祭にも使われる大切な「家で飼育す

屋根を表す「宀」　猪を表す「豕」→貴重な豚を飼う「家」

前漢時代（紀元前206－紀元後8年）の彩絵陶猪
（台北故宮博物院　撮影筆者）

る動物（畜）」すなわち「家畜」であったのです。前漢の時代（紀元前206～紀元後8年）の遺跡からも陶器の豚が発見されています。

　豚は1回のお産で5～10頭の子豚を産むことから、長年の間、子孫繁栄の象徴であり続けており、めでたい家畜でもありました。近年まで、中国ではほとんどの家で豚を飼育しておりました。最近の中国政府の都市化政策により、悪臭や水質汚染を防止するため、養豚生産者は数を減らしたとは言え、2015年では小規模・零細の庭先養豚農家は4600万戸もあり、8軒に1軒が豚を飼っていました。

　しかしながら、2019年にはアフリカ豚熱のパンデミックによって疫病に対する検疫体制が整わない小規模養豚、庭先養豚は大幅に戸数を減らしつつあり、大規模で急激な養豚業界再編が起きていますが、そのことは別章で解説します。

　ところで、最新のデータによると、中国人一人当たりの豚肉消費量は

表　一人当たり豚精肉消費量　2019年

国名	消費量 トン	人口 千人	一人当たり kg
中国	28,714	1,433,784	20.0
香港	263	7,436	35.4
台湾	594	23,774	25.0
中華圏	29,571	1,464,994	20.2
日本	1,737	126,860	13.7
米国	6,442	329,065	19.6

出典：豚肉消費量　USDA FAS　精肉換算
人口　国連統計

精肉換算で20kgと米国とほぼ同じ、日本の1.5倍と非常に多く、まさに中国人にとって豚肉は無くてはならない国民食となっています。14億人が世界の豚肉の半分を消費しているのです。

　しかしながら、その昔ほんの30年前までは、豚肉は一般庶民にとって、ごくたまにしか食べられない贅沢品でした。1949年に起きた共産革命の前には、中国人が年間に摂取するカロリーのうち、肉から得ていたのはたった３％のみであったと言われています。その後、毛沢東時代の1950年代後半から1960年代前半に行われた大躍進政策によって発生した大飢饉により、数千万人という多くの餓死者を出しましたが、その時には同時に大量の豚が死んでしまいました。そのころには肉から得たカロリーは３％以下になったに違いありません。1990年代初めまで、中国の田舎の農民たちは、ハレの日以外は野菜中心の食生活を送っていたとのことです。苦しい時代から改革開放の時代になり、経済発展とともに豚肉の消費が伸びてきて、今日のような豚肉消費大国になったのです。

　このように中国人にとって、現代は豚肉をお腹いっぱい食べられる時代にはなりましたが、それに影を落としているのが、パンデミックを起こしている豚の伝染病であるアフリカ豚熱です。中国の国内枝肉

価格は、2019年1月には日本のほぼ半値のキロ当たり18.54元（278円）だったのが、11月には49.22元（738円）と1年も経たないうちに2.6倍に高騰し、それ以降も40〜47元の間で推移しています。同じ時期に東京市場の上格付の豚枝肉価格は500〜600円台でしたので、東京の豚肉価格より2割から4割は高いという中国の歴史上初めての高価格になっています。

　このような状況下で、特に中国の貧困層では、2020年1月25日に春節で出稼ぎから故郷に帰った家族との年末の行事である餃子作りが、豚肉不足や価格高騰のためにできなくなる心配がありました。そのことを危惧した政府は、貿易戦争やファーウェイ副社長逮捕問題でギクシャクしていた米国やカナダからも、メンツを捨てて豚肉を購入したほどです。一時は貧困層が多い中国の地方で豚肉暴動が起こるのではないかと噂が出たほどでしたが、中国政府が国内からも海外からも豚肉をかき集めて放出したおかげで、2020年の春節は乗り切ったようです。中国の豚との歴史から読み取れるのは、中国人にとって、豚肉は大切な、なくてはならないご馳走であり、別格の食肉であるということなのです。

中国以外の被害の状況
抑え込みが成功している台湾と韓国

　とりあえず上手くいっている台湾と韓国の状況についてですが、台湾では完全に抑え込み、ASF発生件数ゼロを続けています。台湾は武漢でのCOVID-19発生や中国が隠蔽していたヒトからヒトへの感染の事実を、非常に早く察知して万全の国内対策を行い、被害を最も軽微に止めた国の一つです。WHOは残念ながら台湾の貴重なヒト・ヒト感染の通知を無視し、中国に忖度したことによってCOVID-19の世界中での感染爆発を結果的に止められませんでした。

　豚の伝染病であるASFに関しても、中国での感染爆発の状況をいち早く察知して、空港での食肉製品の違法持ち込みの罰金額を100万台湾ドル（日本円で360万円）に引き上げると同時に、入国する旅行者に宣伝を強化し、特に中国人観光客が持ち込む肉製品の空港での摘発を進めました。その結果、台湾でのASFの発生はゼロを維持しています。このように情報隠蔽体質の中国で発生する多くの伝染病の情報を、いち早く入手できる台湾政府との連携が必要であることは言うまでもありません。

　次に韓国の状況ですが、中国と国境を接している北朝鮮にASFが入り込むのはそれほど時間がかからず、2019年5月に北朝鮮でASF患畜が発見されたと伝えられました。北朝鮮の情報はほとんど伝わってこないのですが、野生のイノシシには38度線は関係ありませんでした。9月にはASFイノシシが韓国に侵入し、北朝鮮に近い京畿道や江原道の養豚場でASFが発生したのです。

　これに対して韓国におけるASF封じ込めは、非常に徹底したもので、今のところは上手くいっているように思えます。かつて韓国は2010年11月に発生した牛や豚の家畜伝染病である口蹄疫の封じ込めに失敗し、ウイルスが全土に広がった苦い経験がありました。

　口蹄疫については、日本でも2010年に宮崎県で発生、感染農場の肉牛や豚が大量に殺処分されたことは記憶に新しいと思います。日本では宮崎県内で封じ込めることができましたが、韓国では封じ込めに失敗し、口蹄疫予防ワクチンがあるとは言うものの、未だに口蹄疫の発生が続いています。

　そのため今回韓国で発生したASFも蔓延する恐れが大いにあったことから、韓国政府は早い段階で、発生農場から3kmの範囲の豚は、健

康であっても全て予防的殺処分することを決め、その効果が出てきているといえます。疫病を封じ込めるには、早い段階で事実を公表し、「これほど厳しい対応をするのか」というほど厳格な防疫管理が必要です。この対策を実施したため韓国では事実上、北朝鮮との境界線に近い地域での養豚農家は、ほぼ無くなったとみられています。

実際に北朝鮮との境界に近い京畿道坡州市で第1例の感染が、2019年の9月17日に確認されて以降、豚の感染は同年10月9日に京畿道漣川郡の14例目（約4000頭）を最後に発生が止まっているのです。しかしながら北朝鮮から越境してくるASFに感染したイノシシは現在でも韓国北部の京畿道や江原道、仁川広域市などで数多く確認されており、予断を許さない状況が続いているという状況ではあります。

未だにASF感染被害が続いている東南アジア

中国のASFが、タイ、マレーシア、シンガポールを除く東南アジア各国で流行しています。図3の地図は国連の機関であるOIE（国際獣疫事務局）が2020年5月に発行した東アジア・東南アジア地域のASF発生状況を示したものです。OIEとは家畜の感染症に関する国際機関で、動物検疫などに関する国際基準や規範を設定しています。家畜の伝染病が発生した場合、各国の動物検疫当局はOIEに対して報告しなければなりません。地図を見て明らかなのはベトナム、ラオス、フィリピンでのASF発生が多く報告されています。この中で、ベトナムとフィリピンでの発生は、どちらの国も日本より養豚が盛んな国で、図2の飼養頭数を見れば、ベトナムが日本の3倍、フィリピンが日本の1.25倍とASFの打撃は非常に大きく無視できません。さて、世界最大の豚肉大国の中国はどうでしょうか？　非常に報告が少ないということにお気づきでしょうか。

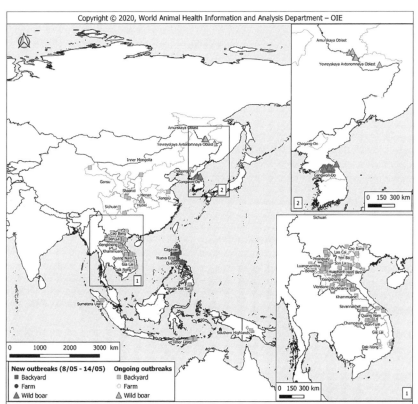

Figure 1. Notified ASF outbreaks within the period (higher intensity colors), and ongoing outbreaks (lighter intensity colors), in China (People's Rep. of), Indonesia, Korea (Dem. People's Rep. of), Korea (Rep. of), Laos, Papua New Guinea, Philippines, Russia, Timor-Leste and Vietnam.

図3 東アジア・東南アジア地域の ASF 発生状況

出典：OIE（2020年5月）

中国の最新データが出てこない

　さて、最も世界の豚肉需給に影響を与える中国についてですが、USDA（米国農務省）や中国農業農村部のデータを基にした筆者の試算によると、中国の飼養頭数は、飼養頭数推定4億3600万頭（2018年1月）から2019年10月末には2億3955万頭と2018年初から実に約2億頭激減しているのです（図4参照）。

　なお、通常は毎月中旬ごろに養豚関連の飼養頭数やと畜頭数などのデータが中国農業省（農業農村部）から発表されるのですが、2019年

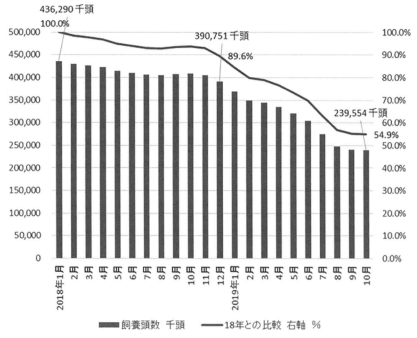

図4　中国飼養頭数の変化　単位：千頭　月末

出典：USDA FAS（2018）中国農業農村部400個監測県生猪存栏

10月のデータが11月に公表されて以降、データの公表が突然ストップしてしまいました。

　筆者が中国の養豚データを取り始めてから10年以上経ちますが、このようなことは初めてです。春節（2020年1月25日）明けの2020年2月でも発表されていないことから、もしかすると更に減少が進んでおり、中国国内価格に影響を及ぼすため発表を控えているのではないかと私は疑っています。中国の統計数値の発表は、旧日本軍の大本営発表のようになかなか信用しにくい点があるので注意が必要です。

　そういえば、筆者の知人の中国人から聞いた話ですが、中国では乳牛の頭数が極端に増えたり減ったりすることがあるというのです。なぜそのようなことが起きるのかというと、中国の中央政府から乳牛の頭数を報告するように命令が来た時の理由に「牛乳増産の政策のために乳牛一頭当たりに補助金を出す」といった場合には、地方自治体の役人は確実に頭数を水増しして報告をするからだそうです。その逆に「乳牛一頭当たり税金を徴収する」とのお達しであった場合には確実に乳牛の頭数が急激に減少するといった笑い話のようなこともあったそうです。

　また、中国の統計については有名な話があります。2007年に遼寧省の元党委員会書記であった李克強総理が、米国大使に「遼寧省のGDP成長率など信頼できません。私は省の経済状況は、省内の鉄道貨物輸送量、銀行融資残高、電力消費の推移を見て判断しています」と語ったといわれ、一時はこの3つが中国の経済を測る重要な指数と言われ李克強指数と呼ばれました。このことは中国の総理であっても自国の統計は信用できないということを物語っています。

　このようなことから、筆者もセミナーなどでの質問で「そんな中国の統計など信用できるのですか？」などと鋭い突っ込み質問を受けたこと

もありますが、その質問に対して私は堂々と「信用していません」と答えています。でも、「中国の統計の発表の時期から得られることも多いですし、全体的な流れが分かります」とも答えています。

　そして、「数値の裏付けは様々なソースから情報を頂いています。例えば中国農業省の情報だけでなく、商務省や新華社、中国の畜産ネット、欧米・日本などの通信社、米国農務省、米国の農業アナリスト、日本の農水省、農畜産業振興機構などからです」。それに、「私はその昔、台北の師範大学で中国語を習得したので、中国の知人・友人から直接情報を入手できる」とも答えています。もちろん、知人・友人や取材先には万が一にも迷惑が掛かってはいけないので人物が特定されないように十分注意を払っています。

4 中国の爆買いが始まっている

　現在、最も世界の豚肉需給に影響を与える豚肉消費大国、中国の状況について見てみましょう。これまで中国農業農村部（農業省）が毎回次の月の下旬に発表していた飼養頭数増減率やと畜頭数のデータが、2019年10月の数値を最後に突然公表されなくなってしまったことは既に述べました。これは、1月25日の春節に向けて、中国国内豚肉の価格上昇を必死に抑え込もうと、「豚肉供給は潤沢で問題ない」と説明していた農業省が、飼養頭数やと畜数が下がってしまったデータを出すわけにはいかなかったのではないか？　と筆者は勘ぐっています。

　しかしながら、中国の農業省がASFの状況と需給に関して、2019年の10月と11月下旬に記者会見を開いた時の内容を基にした筆者の試算によれば、本当のところでは中国の飼養頭数は、飼養頭数推定4億3600万頭（2018年1月）から2019年12月には推定2億2908万頭と2018年初から約2億頭激減してしまっているのです。このきわめて大きな頭数の減少が、今後、中国国内及び国際市場に与える影響は測り知れないものがあると憂慮しています。

　図1は中国の枝肉価格の推移ならびに2019年1月7日の週の価格を100％として、2020年11月23日の週までの価格を比較したものです。先述のとおり、中国政府は国産豚肉が増加傾向にあり輸入も増加していると発表し、価格の更なる高騰を必死に防ごうとしていましたが、この図を見れば春節前の11月、12月には価格の抑え込みが、若干できましたけれども、その後は中国国内の豚肉価格が上昇下降をくりかえすものの高値を続けていることがはっきりと見て取れるのです。大きく言えば広範囲の市場を巻き込んだ"豚肉争奪戦"が既に始まりつつあるという

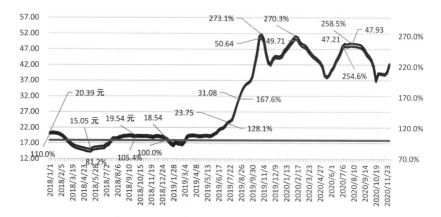

図1　2018年1月-2020年11月　中国豚枝肉価格と変化率推移
単位　人民元/kg（左軸）2019年1月第一週：100％としての変化率（右軸）
出典：中国政府網　全国白条肉平均出厂価をグラフ化

状況が、更に進展しはじめているということなのです。

食肉の爆買いを既にスタートした中国　世界の食肉価格への影響は？

　実際に、これまでの中国のASF感染拡大の影響が日本の食肉市場を揺さぶり始めています。豚肉不足を補うため中国からの買い付け攻勢が早くもカウミートなど安価な牛肉に広がり、国際価格を押し上げつつあるのです。

　カウミートというのは経産牛というスジが多く硬い肉の切り落としを箱詰めにした牛肉で、ひき肉にしてハンバーガーに使われる赤身肉です。2019年の夏場まではキロ600円台だった豪州産カウミートの卸価格は、早くも12月には900円台後半までという約30年ぶりの高値となり、その後も800円台中盤という高値を保ったままです。また、ベーコンなどに使われる欧州産豚バラ価格もこの1年で10％以上も上昇していま

図2　中国の豚肉輸入量推移と予測

出典：USDA FAS　単位：千トン（CWE：枝肉換算重量）

す。これら国際価格値上がりの主要因は、もちろん中国の大量買い付け によるものであると考えられるのです。

　そこで、2019年と2020年以降の中国の食肉輸入がどのようになるの か考察してみましょう。

　最初に豚肉ですが、図2に示すのは、2019年も2020年も米国農務省 （USDA）の予測データです。2019年は2018年の中国・香港の豚肉輸入 量186.8万トンの約1.5倍すなわち推定278.2万トンと、実に世界の貿易 量900万トンの3分の1を占めたことになっています。

　2020年は、輸入量は更に増加し518万トンと過去最大の輸入量を記録 することになりそうですが、輸入量が2019年と比べて100万トン以上増 加したとしても、中国の生産量2370万〜3700万トンの落ち込みと比べ たら、まさに焼け石に水です。

図3　中国の牛肉輸入量推移と予測
出典：USDA FAS　単位：千トン（CWE：枝肉換算重量）

　また、中国では豚肉価格の高騰などから、このところ消費者の豚肉離れが起こり始め、鶏肉や牛肉などへの消費のシフトが生じているのですが、たとえ鶏肉や牛肉の増産や輸入量増加はあるにしても豚肉生産量の減少をカバーするには到底至らないという状況です。米国農務省の予測によると、中国の牛肉の輸入量は図3のとおり2020年には2018年と比較して129万トン増えるが、生産量の増加予測19万トンと合計しても148万トンと、これもまさに焼け石に水です。なお、中国では古くから森林の伐採によって乾燥した黄土高原が広がっているため草地が不足しており、放牧が必要な肉牛の生産増にはもともと限度があるという背景もあります。

　次に、鶏肉も輸入量（図4）は、2018年の55.7万トンから2020年には129万トンに73.3万トン増加するとの予測です。ASFの影響で養豚から養鶏にシフトする生産者が多いと言われていますが、それを反映して鶏肉の生産量も410万トン増加すると予測しています。しかしながら、

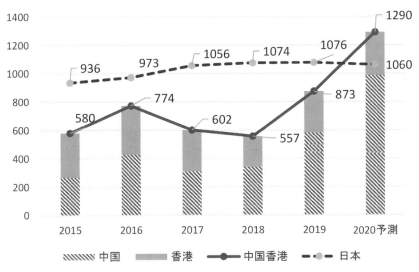

図４　中国の鶏肉輸入量推移と予測

出典：USDA FAS　単位：千トン（RTC：丸鶏換算重量）

それほど大幅に供給量が増加しても、豚肉の減少に比べれば、中国人の胃袋を満足させるだけの数量には到底ならないのです。

更なる日本との買い付け競争激化は不可避？

表１　中国の食肉輸入量予測

年次	中国の食肉輸入量				日本の輸入量
	2018実績	2019実績	2020予測	18－20増減	2018実績
豚肉	1,868	2,782	5,180	3,312	1480
牛肉	1,890	2,533	3,180	1,290	840
鶏肉	557	873	1,290	733	1074

出典：USDA FAS データ（CWE）から筆者が増減を計算した　単位：千トン

表１は、ASF の影響がなかった 2018 年から ASF 発生後の 2020 年予測

までの中国の食肉輸入量と増減をまとめたものです。これを見ると、今まで述べてきたように牛肉・豚肉は2018年の日本の輸入量をはるかに超える量、鶏肉も過去には輸出国であった中国が日本の輸入量とほぼ同量というまさに大量の食肉を国際市場から爆買いせざるを得ないため、今後の日本と中国との買い付け競争の更なる激化は避けられないものとなるはずです。

アフターASF　不足する穀物
庭先養豚から大手企業養豚へ集約すすむ

　中国は、ASFのパンデミックに対し、手をこまねいているだけではないのです。では、どうやってASF禍に打ち勝とうとしているのでしょうか？　その答えは大規模化です。中国は、養豚業の近代化のために国を挙げて、防疫体制が脆弱な中小零細養豚を廃業させ、衛生管理や防疫体制が確立した大規模企業養豚へ集約させる業界再編を加速させています。

　2015年に4600万戸あった中小零細養豚業が18年には2600万戸まで減少しました。たったの3年間で2000万戸が廃業させられたのです。これは、一党独裁の中国だからこそできた荒業です。また、ASF発生以降は零細生産者の養豚離れに、更に加速度が増しています。

　さて、2020年以降の状況ですが、中国では防疫に対する意識が低く、伝染病予防体制が整わない小規模や零細養豚農家（庭先養豚）の廃業が、今後も更に増加すると考えられます。図5は2015年の中国の規模別養豚生産者数を示したものですが、出荷頭数49頭未満の庭先養豚生産者が圧倒的に多く、全体の95％を占めています。

　そのため、養豚生産者の規模別出荷頭数を推定し中国のトウモロコシ

の需要量の予測を試みました。筆者は ASF によって中国の養豚業界の大幅な構造改革が急速に進み、最終的に中国の養豚産業は防疫体制が整っていると思われる大手企業養豚に集約されていくものと考えています。

　それでは、最初に中国と日本の養豚生産者数と出荷頭数を比較してみましょう（表2）。2018年すなわち ASF 発生前の中国の生産者数は2600万戸、対して日本の生産者数は4100戸です。また、出荷頭数も中

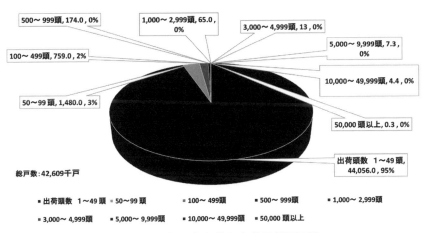

図5　2015年　中国養豚出荷規模別戸数

出典：ALIC のデータをグラフ化（単位：千戸）

表2　2018年　養豚日中比較

	出荷頭数 千頭	戸数　千戸	1戸出荷頭数
中国	687,500	26,000.0	26.4
（中国零細養豚）	349,950	25,800.0	13.6
（中国大規模養豚）	337,550	187.0	1,805.1
日本	16,391	4.1	4,017.4

出典：中国　新華社（農業農村部）、日本　ALIC

注）中国零細養豚は出荷頭数500頭未満

　　中国大規模養豚は出荷頭数500頭以上

国は桁違いに多く6億8750万頭に対して日本は1639万頭です。ただし、1戸当たりの出荷頭数は、中国の26.4頭に対して日本は4017.4頭となっています。このことから、中国の養豚は規模の小さい庭先養豚と呼ばれる生産者が多く、日本の養豚は規模が大きいことが分かります。

　中国の食肉の爆買いの次にくるのは、トウモロコシなどの飼料穀物の爆買いです。次にどれほどの飼料用トウモロコシが不足するのか考察してみましょう。

表3　中国のトウモロコシ需給推移　　　　　　　単位　1,000トン

	2015/16	2016/17	2017/18	2018/19	2019/20	2020/2021
消費量飼料用	165,000	185,000	187,000	191,000	193,000	198,500
消費飼料以外	64,000	70,000	76,000	83,000	85,000	87,000
消費量	229,000	255,000	263,000	274,000	278,000	285,500
生産量	264,992	263,613	259,071	257,330	260,779	260,000
生産-消費量	35,992	8,613	-3,929	-16,670	-18,230	-25,500
輸入量	3,174	2,464	3,456	4,483	7,596	16,500
輸出量	4	77	19	19	12	20
期首在庫	172,855	212,017	223,017	222,525	210,163	200,526
期末在庫	212,017	223,017	222,525	210,319	200,526	191,506

出典：USDA FAS PSD Online Dec.2020

表4　養豚生産者規模別戸数、予測推移

年次	養豚生産者戸数　　　単位千戸		
	合計	500頭未満	500頭以上
2018実績	26,000	25,813	187
2019予測	19,000	18,810	190
2020予測	12,000	11,800	200
2021予測	9,000	8,790	210
2022予測	7,000	6,720	280
20XX年	381		381

出典：2018年中国農業農村部、2019年以降は筆者の予測
2015〜2018年の戸数減少平均が約700万戸です。そのため、国家政策とASFにより2019、2020年の廃業戸数を700万戸とし、2020年を300万戸、2021年を200万戸減と仮定して予測しました。20XX年の数値は2018年の出荷頭数を500頭以上の養豚企業だけで生産した場合の企業数です。

表5　出荷頭数とトウモロコシ需要量予測

年次	出荷頭数 単位千頭	養豚用トウモロコシ需要量	2018年実績との比較
2018	687,500	78,540	−
2019	440,000	79,800	1,260
2020	490,000	84,000	5,460
2021	550,000	88,200	9,660
2022	580,000	118,440	39,900
20XX	687,500	151,200	72,660

出典：2018年は中国農業農村部　2019年以降は筆者の予測

　表3は中国のトウモロコシ需給の過去5年間の推移で、在庫量は年間消費量の70〜80％となっています。また、表4は政府の政策とASFによって廃業する生産者（主として500頭未満）と大規模化によって生き残る生産者（500頭以上）の戸数を示したものです。
　表5は表4の数値をもとにして算出したトウモロコシの需要量です。

　ご覧のとおり、2018年との比較では2019年・2020年は肥育頭数、出荷頭数の減少があるため、トウモロコシ需要は減少していますが、大規模化が進むにつれて、トウモロコシが不足し、2022年には3990万トンの不足が見込まれています。

コラム　畜産と養豚　肉豚が出荷されるまで

　家畜を飼う産業のことを畜産といいます。畜産には大きく分けて養牛、養豚、養鶏などがあります。そのほかには羊、アヒル、シカなどを飼育するのも畜産と呼ばれています。また、絹糸をとるための蚕を飼うことも、クワガタムシやカブトムシを飼育するのも立派な畜産業なのです。また牛にはミルクを生産することを目的とする酪農、鶏は卵、羊は羊毛と羊乳、アヒルは羽毛、シカは漢方薬の鹿茸などの主産物・副産物があります。

さて、ここでは養豚のことについて説明しましょう。養豚には、それぞれ繁殖と肥育があります。養豚では、繁殖用の豚を母豚と呼び、母豚が産んだ子豚を飼育して肉豚とするのを肥育と呼んでいます。

通常、繁殖用母豚の生産は以下のとおりです。

①原種豚に種付けされて3.8カ月（114日、3月3週3日）後に子豚が10頭生まれ、オス5頭は肥育用豚として出荷、メス5頭は誕生後8カ月後に母豚として種付けされます。
　この種付け時点でメス5頭は母豚として11.8カ月経過しています。
②その後、母豚5頭は3.8カ月で子豚を50頭以上産みます（第一産15.6カ月経過）。
　その子豚は約6カ月間（原種種付け後21.6カ月経過）110kg程度の体重まで肥育され肉豚として出荷されます。

　すなわち、豚肉相場が高騰してから急いで種付けして母豚を増やそうとしても、肉豚が出荷されるまで21.6カ月（約1年10カ月）かかりますが、いったん母豚が増え始めたら、ネズミ算式に増えていきます。このような状況になれば豚の飼料の必要量も増大します。
　なお、六産を終えた母豚はと畜されて、食肉になります。この豚肉は大貫豚といって硬いので加工用のひき肉になってソーセージなどの原料肉になります。

中国政府の大本営発表

　中国農業農村部（農業省）は2019年11月22日の記者会見で「現在、繁殖用雌豚の数は減少せず回復しているが、この傾向によれば、豚の生産は来年上半期にさらに改善され、流行の予防と管理は継続され、全体的な状況は安定する。ただし、市場供給の明らかな増加は来年後半まで

になる可能性がある。目標は、来年末までに飼養頭数を<u>約80％に回復するよう努力する</u>」（中国中央人民政府ホームページより　筆者翻訳）としています。しかしこの発表は、世情に不安感を与えないような非常に楽観的な発表、すなわち旧日本軍の大本営発表と同じであると筆者は考えています。

　現在のところ、ASF は治療法もなく患畜は全て死亡する上に、感染予防のためのワクチン開発もできていない状況であり、大本営がどのような発表をしたにしても、中国の短期間での豚肉増産が現状ではほとんど絶望的なのです。そのため、打つ手無く手をこまねいていれば、最終的には価格高騰によって世界の豚肉消費が鈍るまで豚肉の買い付け競争は続き、国際市況に大きな影響を与え続けるのは間違いないと思います。

牛肉や鶏肉も爆買いだが焼け石に水

　中国では豚肉価格の高騰から、当然消費者の豚肉離れが生じ、鶏肉や牛肉などへの影響も出ており、USDA の統計によると牛肉の輸入量（香港含む）は2018年の189万トンから、2019年には253万トンに増加し、さらに2020年には318万トンに大幅に増加すると予測しています。また、鶏肉も2018年の55.7万トンから2019年には87.3万トンに、2020年には129万トンに大幅に増加するなどとしています。しかし、これとても今後予想される豚肉の2370万〜3700万トンの生産量の減少と比べたら焼け石に水の状態です。

冷凍冷蔵設備の不足で輸入量増加にも限度がある

　また、中国では未だに伝統的な温と体（枝肉）での流通が多く、食肉市場（ウェットマーケット）に持ち込まれた枝肉が精肉卸売り店で

写真1　中国の公設農産物卸売市場（上海郊外）

部分肉に分けられて販売されています（写真2）。すなわち、コールドチェーン（冷蔵や冷凍）の流通は、それほど発達していないため輸入食肉が搬入される冷凍倉庫の収容能力にも問題があるのです。つまり、現在の中国における冷蔵冷凍施設のスペースに限りがあるため、輸入量を増やすに増やせないということになるのです。いずれにしても、2019年8月に発生したASFによって、中国では様々な問題が短期間で発生したため、対応が追い付かない状況なのです。

面倒な日本向けより手間いらずの中国向けへ輸出シフト

なお、2019年11月に来日した旧知のヨーロッパのミートパッカーの会長によると、彼の会社から中国へ輸出した豚肉は、前（カタウデ等）、

写真２　中国の公設農産物卸売市場の精肉店（温と体を吊るし売りしている）

中（ロース、バラ等）、後（モモ等）に３分割した皮付き枝肉だったとのことでした。

　彼によると「中国は手間いらずの枝肉を高値で買ってくれた」との話で、「日本は長年大切なお客さんだが、差額関税の分岐点価格を超えさせるためにスジや骨片の除去など手間やコストがかかり面倒だ。日本が相応に高く買ってくれるなら良いが、そうでなければ、ほとんどを中国に売ってしまうことになる」とのことでした。従って、2020年の豚肉の国際価格は更に上昇を続けることが十分に考えられるのです。またそうなれば、分岐点価格を超えて低率関税で日本に輸入されるものが増加するということにもなるわけです。

このような今後の大規模な豚肉の世界的な生産減は歴史上初めてと言っても過言ではなく、正直なところ中国政府がどのような対応を示すのか不明ですが、短期間で豚肉の高騰をある程度防ぎ、中国国民全体に平等に豚肉を供給するためには、豚肉を国家統制品目として、国家貿易の実施、中国政府による国内産豚肉の買い上げ、そして配給販売をせざるを得ないのではないかと考えています。新華社によると現在、中国政府はASF患畜の未報告や報告の遅延の摘発を密告制度の充実で強化すると発表していますが、中国全体にASFが蔓延した今に至っては、時すでに遅しです。

中国の増産への取り組み

ところで、増産についての取り組みですが、中国政府は2019年後半になって、企業による大規模養豚を更に強く奨励しており、徐々にスタートし始めているようです。実際に筆者の知人が董事長である中国養豚企業（母豚1万2000頭飼育）では、ASF発生の前から養豚農場敷地内に獣医、従業員住宅、売店、食堂、外部からの来訪者用の隔離検疫施設（2日間隔離とのこと）などを完備し、ASFや口蹄疫などの家畜伝染病の予防に万全を期しているとのことでした。また、同社の董事長から直接聞いたのですが、2020年初には新たに母豚頭数を2万頭規模まで増産するとしているのです。

このように早い時期に増産の準備をしていた一部の企業がある一方で、中国政府の要請に応えてこれから増産する企業が大部分なわけで、これら新規拡充の企業は将来的に養豚施設・設備に半年、母豚・肉豚の増産に2年、すなわち増産効果が出始めるには少なくても2〜3年はかかると思われます。つまり、将来的にASFのワクチンによる予防や治療法が確立できない場合には、この世界的な豚肉不足の状態は2023年ころまでは続く可能性が十分に考えられるのです。

コラム　イスラム教徒が豚肉を食べない理由

　イスラム教、ユダヤ教、キリスト教など中東で始まり現在に至る宗教の中で、最も古い（紀元前12世紀）ユダヤ教は、豚は不浄であり「コーシャ（清浄な食品）ではない」とした宗教でした。その後、西暦610年に預言者ムハンマドがメッカで創設したイスラム教においても、豚は不浄の動物であり、豚肉はハラーム（口にしてはいけないもの）とされています。

　ユダヤ教徒とイスラム教徒が豚肉を食べない理由については様々な説が唱えられてきました。その中で最も有力な説は、乾燥した気候の中東では穀物が貴重なので、草で育つ牛、羊、ヤギ、ラクダ（ユダヤ教ではラクダ肉は禁止）などの反芻動物の飼育が最も適したわけです。それに反して豚の飼育には貴重な穀物と水が必要ですので、中東の厳しい環境には適していない家畜であったということです。

　また、豚はミルクを生産することや鶏のように卵を産むこともなく、ラクダのように運搬にも適さないため、中東では役に立たない動物とされたようです。

　それに加えて、一説ではイスラム教もユダヤ教も、豚が泥や排泄物の上で転げまわるため不浄な動物だとみなされたこともあります。豚は汗腺が未発達なため、暑い夏場には水場の泥で身体を冷やすことが必要ですが、暑く乾燥した気候の中東では、貴重な水場で豚が身体を冷やすことは困難でしたので、自身の排泄物で身体を冷やすことも多々あったはずです。そのため衛生上の理由によっても豚肉を食べることが禁止されたとも考えられます。

　なお、同じく中東から始まったキリスト教では、豚肉を食べるのは禁

止されませんでした。それは、キリスト教が水や穀物が比較的豊富で冷涼なヨーロッパに広がったためだと考えられます。

5　米中貿易戦争とアフリカ豚熱、コロナ

　米中貿易戦争は、2018年3月1日に米国が安全保障を理由に通商拡大法232条に基づき鉄鋼、アルミニウム製品に追加関税を行う方針を発表したのが始まりでした。その時の課税幅は鉄鋼25%、アルミ10%で、中国を含めたほとんどの国が対象となりました。

　その端緒は2016年の大統領選で、すでに米中間の貿易不均衡をトランプ大統領が取り上げて選挙戦に臨んだ時から始まっています。その後2017年9月には米国通商代表部（USTR）のライトハイザー代表が講演で、中国の不公正さについて、外国企業が中国に進出する際に技術移転を強要し、その上で不公正な補助金で輸出を促進する中国が国際的な貿易体制の脅威になっていると主張しました。これに対して中国側は、これらは民間企業間の取引の話であり、中国政府による干渉は一切ないと反論を行いましたが、米側は納得しませんでした。

　先の2018年3月の米側の追加関税に対抗して、中国が米国産の食品など128品目に15〜25%の報復関税措置を課すこととし、2018年4月2日から牛肉・豚肉などの食肉の関税を従来の12%に25%を加えて37%としたことで、本格的な米中貿易戦争が始まりました。

　さらに、米中閣僚会議なども開かれたものの互いに譲らず、2018年6月に米国が中国産の自動車や産業ロボットなどに追加関税を課したため、更なる報復措置として同年7月には牛肉・豚肉に追加で25%の関税を上乗せし62%関税とし、事実上の禁輸措置がエスカレートしていきました。

ところが、2019年に入って状況は一変しました。中国の ASF の蔓延です。2019年前半は ASF の感染を恐れた養豚農家が、飼育している豚の感染が確認される前に出荷を急いだことは前に述べました。そのため、豚肉の供給は比較的潤沢で価格は安値で安定していたのですが、零細養豚農家の廃業が相次いだため流石に2019年の中盤以降になると豚肉の生産は落ち込み始めました。

　そのため6月以降の豚肉価格があまりにも急激な高騰であったことから、9月に入ってから中国政府は、中国国内の状況改善のため米国産豚肉の関税を引き下げ、輸入を再開したことに加えて、12月6日には一部の豚肉の関税を免除するとの発表をせざるを得なかったのです。米中

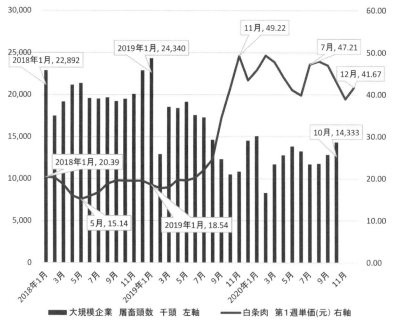

図１　中国豚と畜頭数と枝肉価格推移
出典：中国国務院農業農村部　全国規模以上生猪定点屠宰企業屠宰量

貿易戦争で突っ張った中国がメンツをかなぐり捨てて無条件に豚肉の輸入を再開するなど、通常にはないよっぽどの事態です。

　ここで中国の豚のと畜頭数と枝肉価格の推移を見てみましょう（図１）。「規模以上屠宰企業」とは年間２万頭以上の食肉処理場のことです。年間２万頭以上の食肉処理場でのと畜量は、中国全土の約３割を占めており、残りの７割は零細と場や個人の自家用と場です。図１は2020年11月までの数値ですが、畜頭数は若干、回復傾向にあるようには見えます。しかしながら、ASF の影響がほとんど出ていなかった2019年１月のと畜量の６割以下となっているため、供給不足のため枝肉価格は高値に貼り付いたままになっています。なお、2020年７月の価格47.21元は、為替レートを人民元＝15円として計算しますと708円になります。これは同時期の東京市場上格付の600円台より高値で推移しているのです。

図２　中国の飼養頭数の変化　単位：千頭

出典：中国農業農村部：400个監測県生猪存栏
2020年は中国農業農村部　全国規模以上生猪定点屠宰企業屠宰量より推計。

また、米国からの輸入再開に併せて、2018年12月のファーウェイ副会長の逮捕以来ストップしていたカナダ産の豚肉も11月6日に輸入再開となりました。まさに前代未聞のことです。このことに関して、報道では中国側が軟化し緊張緩和を進めているとされていましたが、通商や外交で米国やカナダに中国自らが譲歩姿勢をとることは、通常ではあり得ないことなのです。

　11月から12月にかけての新華社などの報道を見る限り中国政府は、豚肉の急激な値上がりと供給不足に対して、相当な危機感を持っていたようです。つまり、中国国民に豚肉値上げパニックにならないようなニュースを流す必要があったようなのです。

　そのため、「米国やカナダから豚肉が輸入されますよ」「中国国内の母豚の飼養頭数が9月に比べて10月は0.6％増加したので豚肉の供給は大丈夫ですよ」などと発表するなど対策を講じ、11月には豚肉価格の上昇をストップさせることに一応は成功したのです。

　図3に示すように豚肉輸出主要国の中国向けの輸出は、2019年8月からの中国国内枝肉価格の高騰から活発化し、旧正月（2020年1月下旬）需要向けの11月積み（欧州）や12月積み（北米）に一度ピークに達しました。その後の対中輸出量は若干の揺り戻しはありましたが高水準のまま推移し、2020年1〜5月の欧州北米輸出国累計では166万3千トン、前年対比234％、日本向け1〜5月累計47万6千トンの3.5倍という非常に大きな増加となっています。

　しかしながら、たとえ北米からの輸入量が数万トン増えたとしても、現在の状況下においては、全く焼け石に水であることは変わりがなく危機的状況は続くといえるのです。そして、更に中国の爆買いは続いていくはずです。

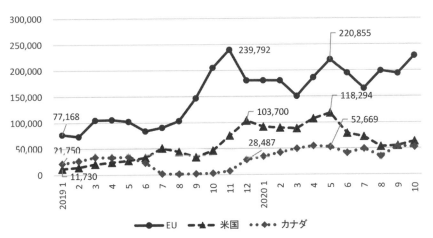

図3　欧米主要国別の中国向け豚肉輸出量　単位：トン

出典：EC-DC AGRI（欧州）、USDA ERS（米国）、Statistics Canada（カナダ）

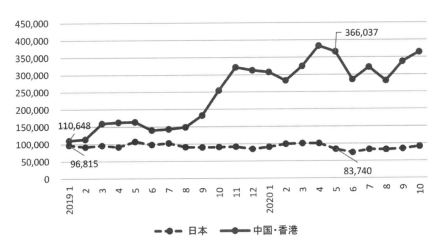

図4　欧米主要国中国向け豚肉輸出量合計　単位：トン

出典：EC-DC AGRI（欧州）、USDA ERS（米国）、Statistics Canada（カナダ）

コロナ感染によって欧米の食肉工場が停止

　ここまでは、ASF による国際的な豚肉需給の問題についての2019年の動きでしたが、新型コロナが中国武漢で発生し、それが世界各国に感染地域を拡大して、欧州や米国でパンデミックとなってしまいました。そのため、北米・南米の食肉処理施設は、一時的閉鎖、稼働率の大幅低下が伝えられています。

　2020年5月の米国農務省（USDA）のデータによると、米国の大手牛肉処理施設の稼働率は65％、大手豚肉処理施設の稼働率は60％程度です。私の友人で、米コンサルティング会社グローバル・アグリトレンズのブレット・スチュワート社長は、通信社ブルームバーグのインタビュー（4月28日付）で、「全く前例のない事態です。生産者はすべてを失うリスクを負い、消費者はより高い価格で食肉を購入せざるを得ないリスクを負っています。どちらにとっても不利な状況です。1週間でレストランから新鮮な牛ひき肉がなくなる可能性があります」と話しています。

　米国内の在庫は、保存期間が短い冷蔵流通がほとんどであり、せいぜい2週間分程度しかないため、相当緊迫感のあるコメントとなっています。特に米国では夏場のバーベキューシーズンは需要期になるため、ロースやスペアリブなど牛肉や豚肉の供給が心配です。もしこのまま米国で低い稼働率が続けば、将来的な供給に不安が残るわけです。

　なお、日本には、輸入牛肉では通常消費量の2～2.5カ月程度、輸入豚肉では2.5～3カ月程度の在庫があることや、日本国内の食肉処理場が問題なく稼働しているため、すぐには供給不安に陥りませんが、米国での稼働率低下が長期間続くようであれば、牛丼や焼肉用の牛肉やハム、ソーセージやチャーシュー用の豚肉が不足する可能性もあります。

中国の米国産食肉の輸入制限がトランプ大統領には影響なかった理由

　中国がよくやる外交時のごり押しは、貿易や観光などを絡めた制裁です。2010年に中国漁船が日本の巡視艇に故意に衝突した事件を巡って対日制裁と称してレアアースの輸出を制限したことや、台湾や韓国への圧力として団体観光客の受け入れをストップしたことなどいろいろあります。

　しかし、今度のような状況下において、米中貿易戦争の時のように中国が米国産牛肉や豚肉に対して50％引き上げる制裁関税を行ったとしても、米国は国内市場が大きく、かつ中国に対して十分な供給余力もありませんし、中国に輸出しなくても日本や韓国など他の輸入国に販売すれば、影響はないわけです。逆に中国の方が当面は豚肉不足で困るのではないかと筆者は考えます。

　2019年にトランプ大統領と習近平主席の会談で、米中貿易戦争が緩和された主要因は、米国大統領選挙の行方に大きく影響を与えるスイング・ステート（アイオワ、オハイオなど）では畜産が盛んなので、中国の実施している高率の制裁関税を解除させることが、票に繋がったということでした。今回は、中国がいくら制裁関税を実施しても元から供給余力がないので、トランプ大統領にとってみれば、2019年とは異なり、大統領選挙には影響がほとんどなかったわけで、中国と妥協する余地は少なかったのです。

米中貿易冷戦時代の幕開け

　米中貿易戦争は2020年からは複雑な様相を呈してきました。2019年までの状況とは大きく異なってきたのです。

米国のトランプ大統領は、2020年11月の大統領選に向けて、新型コロナ肺炎のパンデミックを大統領自身の問題であると政敵から攻撃されることを防ぐ必要が生まれました。そのためには、新型コロナ肺炎の犠牲者や被害者の追及の矛先を中国や、中国を支持してきた WHO に向けることが一番分かりやすかったと思います。

　アメリカ・ファーストを掲げて大統領選を勝ち抜いたトランプ大統領にとって、経済的な側面から世界一の座を米国に向かって挑戦しつつある中国は無視するには大きすぎる敵でしょう。一路一帯政策で東欧から西欧まで進出し、IT ではファーウェイで世界の通信を制覇しようとしている中国を米国が忌々しく見ているのは想像に難くありません。

　軍事的にもソ連邦が崩壊し相対的に力を失ったロシアに比べ、中国が、東シナ海、南シナ海からインド洋、アフリカそして南米まで直接的（軍事基地の設営と海洋進出）にも間接的（資金提供と港湾租借）にも進出しているのを米国は座視するつもりはないようです。

　第1次世界大戦以降、第2次世界大戦、朝鮮戦争、中東戦争、米ソ冷戦、ベトナム戦争などなど幾たびか戦争がありましたが、米国が負けた戦争はありませんでした。これは経済戦争においても同じです。

　日本も1980年代後半から90年代初めのバブル期でジャパン・アズ・ナンバーワンとか「日本全土の土地価格は全米の土地の2倍」とか浮かれた時期もありましたが、バブル崩壊後は日本は失われた20年（氷河期）となって、米国のハゲタカファンドの餌食となってしまったのは記憶に新しいことです。WTO が発足した時にできた農業協定は、基本的に欧州と米国の農産物貿易で欧州が行っていた非関税障壁（可変課徴金、最低輸入価格と輸出補助金）をアンフェアな貿易歪曲制度だとして、禁止したのが基になっています。

　余談ですが、このアンフェアな貿易歪曲制度は、1995年のWTO発足とともに世界の貿易制度からは消滅してしまったはずでしたが、驚くべきことに、ただ1カ国だけ世界や自国民を騙して存続させている国があります。それは、中国でも韓国でもありません。我が日本国なのですが、騙すにあたっては、所轄官庁の日本国農水省は、非常に複雑で分かりにくい運用や条約解釈を行っています。このことについては、後で詳しく述べたいと思います。

6 省益も無し、国益も無し　差額関税制度の怪 農水省

世界貿易機関（WTO）協定違反の法律が存在し、2020年以降に静かに消え去りつつあることの話

　官僚を揶揄するときによく言われる言葉で、「省益あって国益なし」というのがありますが、これから述べるのは「省益も国益もない、国民を害し海外を益する国際条約違反の貿易障壁」の話です。この国際条約違反の貿易障壁とは、具体的には1995年に発効したWTO農業協定に違反している豚肉の差額関税制度のことを言います。通常の貿易障壁というものは、国内の特定産業を保護するために設けられるのですが、この差額関税制度は酷い運用のために国益を害しているのです。

　豚肉と言えば、日本で最も多く消費されている食肉ですが、その輸入には牛肉や鶏肉などの食肉を輸入している大手商社であっても怖くて手を出せないという期間が半世紀も続いています。過去には名だたる財閥系の大手商社も日本で一、二を争う大手ハム会社も関税法違反として摘発され、中には数十億から100億円を超える巨額の脱税額とされた豚肉輸入企業もあります。

　これらの脱税の処分には、刑事訴追を受ける犯則調査によるものと、訴追を受けない事後調査による更正処分の2つがありますが、100億を超える脱税でも刑事訴追を受けずにうやむやのまま報道もされずに終わってしまうケース（財務省プレス発表、2013年11月）もあれば、数億円を脱税したとして刑事訴追された上場企業のケースもありました。

"刑事訴追されるか、それともされないか"ということについては、国税の場合には脱税金額が数千万〜1億円でも刑事訴追されたかと思いますが、関税であれば、刑事罰を受けるかどうかの分かれ道はあやふやです。それは、企業の大小で決まるものではなく、脱税金額を納付したかしなかったかでもなく、税関職員の感情次第としか言いようがないのです。

ところで、脱税とひとくくりに言いますが、実際には通常の所得税などの脱税と差額関税で脱税と呼ばれるものとは大きく異なっている点があります。単純に言いますと、通常、売り上げを計上しなかったり、経費を水増ししたりして、所得を過少申告するのが脱税です。

しかしながら、この脱税とされた事案の根本は豚肉の異常な輸入制度の歪みから生じたものなのです。豚肉の差額関税制度の場合には行政当局が設定した国家統制価格(分岐点価格)だけでのみ輸入申告せざるを得ないように仕組みを作っておきながら、この国家統制価格で輸入し、わずかな商社口銭(3％程度)でユーザーに販売した商社を脱税企業として告発するという、自由貿易を阻害する事案が過去に多々発生していたのです。その根本的な原因として豚肉の差額関税を規定している法律である関税暫定措置法が条約違反だということが、近年になって議論されています。実際に条約違反であれば、どのようなことになるでしょうか。結論から言いますと、条約違反の法律は、日本国にあってはならない著しく不当な法律なのです。それは日本国憲法の条文に明白に定められているのです。

日本国憲法とは何でしょうか？　それは日弁連のホームページに分かりやすく述べられています。「憲法は、国民の権利・自由を守るために、国がやってはいけないこと(またはやるべきこと)について国民が定めた決まり(最高法規)です。」その日本国憲法の98条には、明白に日本

国が批准した国際条約・国際協定の順守がうたわれています。従って我が国の法律は、国際条約で外国と約束したことは、全て国際条約・国際協定で約束した内容に沿って立法されなければならないのです。

　これらの法律は、中学や高校の教科書で三権分立を習ったように、本来は立法府である国会で作られるものなのですが、議員立法のケースは少なく、法律のほとんどが行政すなわち内閣の各省庁の官僚によって立案されています。この行政府の優秀な官僚が巧妙に立案した憲法違反の法案が、あろうことか内閣法制局を通過し、もちろん国会も通過してしまった場合どんなことが起こるのか、また起こったのかを本書で明らかにしたいと思っています。

　先ほど、三権分立について記述しましたが、思い出してみましょう。立法とは、その名のごとく法律を作り、行政がその法律にのっとり政策をつかさどり、司法が法律に違反した者を裁くとともに、憲法の番人として法律が憲法に違反していないかを監督するということになっています。

　しかしながら、実際には関税法違反・関税暫定措置法違反の事案には貿易・通商関係に詳しい裁判官が少なく、英語もほとんど理解できない国際法も通商法も知らない判事が、条約違反の法律かどうかの判断もせず、条約違反の法律を基に判決を下し、それが人の一生や会社の存続を左右するのです。ましてやそれが憲法違反の法律に基づいているとしたら、大変恐ろしいことではないかと思います。ここに我が国の病理があると私は強く思っているのです。

　私は2011年に故志賀櫻さんが出版した書籍『豚肉の差額関税制度を断罪する』を執筆するにあたって同制度の問題点について志賀さんと何度も議論させていただいたことがありました。東大法学部を首席で卒

業し、旧大蔵省に入省、主税局国際租税課長（OECD 租税委員会日本代表）や外務、通産、経済協力担当の主計官、東京税関長を歴任された志賀さんが「差額関税制度はまさに不合理の極みであり、条約違反すなわち憲法違反だ」と主張されたのを聞いて、長年差額関税制度の不合理性を訴え廃止を求めてきた私は、力強い味方を得たと思っていました。

　余談ですが、ある日のこと、志賀さんの事務所で彼が気になることを言ったのです。彼の昔の同僚か政府の現役官僚か分かりませんが「差額関税制度が憲法違反で無効だとの裁判や主張は、国家権力への挑戦だ」と言われ、「色々な妨害があるので気を付けなさい」と私に向かって話していたことを思い出しました。

　彼は差額関税以外にもタックスヘイブンについての本の著者でもありましたので、もしかすると身辺に危険を感じていたのかもしれません。そのようなことから、ある日、私に対して冗談ともなく「必要があれば警察庁の友人に警察による身辺警護をお願いしても良いですよ」と言われたことがありましたが、本当にそのようなことができるかどうかは別にして、私はありがたくお断り申し上げた記憶があります。

　彼は本当に惜しいことに2015年の秋口から急速に体調をくずされ、結局は12月にすい臓がんのため亡くなりましたが、どんな脅しにも屈せず節を曲げず正しいことを正しいと貫き通す強い意志をもった方でしたので、私は大きな喪失感とともに、日本にとって大きな損失だと非常に残念に思いました。

　私は、2007年に差額関税制度の問題を明らかにした書籍『豚肉が消える』の監修を行いました。この本は、当時ほとんど知られていなかった差額関税制度について取り上げた唯一の本でしたので、その後に起こった豚肉輸入関係の諸問題ではマスコミ関係者をはじめ、多くの方々

から問い合わせを受けたり、意見を求められたりしました。その都度、私は差額関税制度の理不尽さや、著しく不合理な点、そして条約に反し憲法違反となっていることを説いてまいりましたが、多くのマスコミは差額関税脱税事件という表面的な事柄のみの話題で終始し、肝心な差額関税制度そのものの違法性まで新聞記事になることはほとんどありませんでした。

　私は間違いだと思う法律や制度が廃止される時まで、何があっても声を上げ続けてゆきたいと強く思っています。また、過去に差額関税制度の絶対維持を叫んでいた生産者の方々でも今では、差額関税制度は酷い制度だということを十分に理解し、私の友人となっている方々が多くいます。

　前置きが長くなりました。それでは、知っているようで知らない、この世にも珍しい差額関税制度のどこが条約違反で日本国憲法に違反しているのか、そしてどのようにしてこのような条約違反の制度が続いてきたのかについて説明したいと思います。まずは読んでいただく前に付録のDVDをご覧いただければ、この複雑怪奇な差額関税制度のどこが良くないのかを簡単にご理解いただけるものと思います。

　このDVDには法律を学んだことのある人ならば誰でも知っている家永教科書違憲訴訟を国側弁護人として担当されていた秋山昭八弁護士や、元世界貿易機関上級委員会委員長の谷口安平弁護士の解説もあり、最後に私が登場し説明しています。手前みそですが、我ながら難解な差額関税制度の問題を分かりやすく説明できているのではないかと思っています。

　2019年CPTPP（包括的および先進的な環太平洋パートナーシップ協定）、日欧EPA（日本EU経済連携協定）そして日米貿易協定が発効して

以降は、差額関税制度はスライド関税に移行して静かに消えゆく運命となりましたが、それでも差額関税制度のような悪法がどのように長期間維持されて、国民がどのように騙されてきたのかを知って頂ければ幸いに存じます。

日本の恥　差額関税（DVD付き）

日本の条約違反、貿易歪曲で国際通商交渉が不利に

　本稿では、日本の豚肉差額関税制度によって、人の好い日本がどれだけ海外につけ入られてきたか、また将来的な貿易交渉にどれだけ悪影響を及ぼしているのかを述べたいと思います。

　最初に皆さんに質問してみたいと思います。質問はたったの3つです。

☑ 質問その1

　G20大阪サミットで安倍首相は「自由で公正かつ無差別な貿易」を宣言しました。しかし、日本自らが最初から逆行しているのを知っていましたか？　通商交渉でいつも重要品目として挙げられる豚肉ですが、日本の豚肉輸入制度が世界貿易機関（WTO）ルール無視の制度だと知っていましたか？　そして、その制度によって日本国民がどれだけ海外の不当利益を負担してきたか知っていましたか？

☑ 質問その2

　日本の隣国である韓国の造船業界への過剰な支援がWTOルールに違反し市場をゆがめているとして、日本はWTOへの提訴を準備していますが、日本差額関税制度も1994年の協定発効以来ずっと四半世紀にわたってWTOルールに違反し市場をゆがめてきていることをご存じですか？　別に韓国を擁護するつもりはありませんが、「人の振り見て我が振り直せ」という言葉のとおりに日本も襟を正さなければならないのではありませんか？

　日本の重要な同盟国である米国の通商代表部（USTR）が発行する不公正貿易障壁レポートの2019年版と2020年版に、日本の豚肉差額関税制度が貿易歪曲であり、WTOが禁止している非関税障壁だと名指しで非難しているのを知っていましたか？　そしてこれが日本の通商交渉に悪影響を及ぼしかねないことをご存じでしょうか？

　質問の答えは、本書を読んでいただければお分かりいただけると思いますが、ここで、経済原則に反する不思議な現象「ほぼ同じ品質なのにコストが安い原料が売れない」ことについて述べたいと思います。

冷凍豚肉、北米産の凋落とヨーロッパ産の台頭
コストが低い北米産豚肉が買えない

　日本の豚肉の輸入は長年の間、米国、カナダ、デンマークの3カ国がTOP3を占めてきました。しかし、近年冷凍豚肉においては対日輸出国ランキングでかなりの異変が起きています。

　すなわち図1で示すように、2018年度から冷凍豚肉の輸入量で、スペインが米国とメキシコ、デンマークを抜いてトップとなっており、2018年度の冷凍豚肉輸入量51万800トンの内訳では、第1位スペイン約11万トン、第2位デンマーク約10万4千トン、第3位メキシコ約7万8千トン、第4位米国は約5万1千トン、そして第5位がカナダ3万7千トンとなっています。2012年までは米国がトップ、カナダが3位でしたが、上位からは転落し、どちらも3分の1に数量を大幅に減らしているのです。

　ところで、なぜ近年スペインからの冷凍豚肉の輸入がこのように増加しているのでしょうか？　不思議ではありませんか？　スペイン産の豚

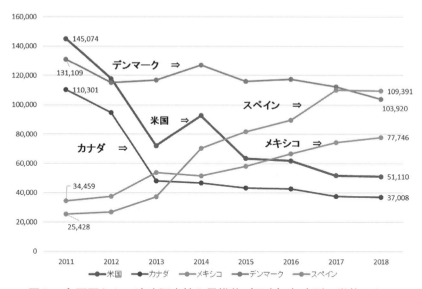

図1　主要国からの冷凍豚肉輸入量推移（日本）年度別　単位：トン

出典：財務省貿易統計を筆者がグラフ化

肉というとイベリコ豚が有名で、イベリコ豚ブームのためにスペイン産の豚肉の輸入量が増大したと思われがちですが、それでは主としてハムやソーセージの原料に使われているアメリカ産やカナダ産の豚肉の大幅な減少の理由の説明がつきません。ソーセージなどに使われる豚肉は、チルド（冷蔵）コンテナで輸入されるテーブルミートとは異なり、輸送コストの低い冷凍コンテナで輸入されています。できるだけ安価で美味しいハムやソーセージを作るためには安い加工原料用の豚肉が不可欠なのは当然のことです。

　図（Figure S.1）はヨーロッパ各国（スペイン ES、デンマーク DK）、米国 US、カナダ CA、ブラジルマットグロッソ州 BR-MT、ブラジルサンタカタリーナ州 BR-SC などの生産コストの比較です。米国はブラジルマットグロッソ州に次いで生産コストが低いことが分かります。

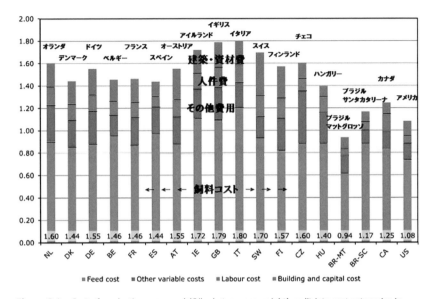

Figure S.1 *Cost of production compared (€/kg hot carcass weight), split into cost categories in selected EU and non-EU countries.*

デンマークの枝肉（Hot carcass）生産コストは €1.44/kg、スペインは €1.44/kg であるのに対して米国は €1.08/kg と 25% もコストが低いのですから、本来であれば米国産を輸入するほうがいいはずです。

コラム	同じ豚肉でも用途が違う　テーブルミートと加工原料

　豚肉は食肉の中でも用途が広く様々な料理に使われています。用途別には大きく 2 つに分けることができます。一つはテーブルミート、もう一つは加工原料になります。

　一口に豚肉といっても、テーブルミートと加工原料では、価格も使われる部位も品質も大きく異なります。食肉にはこのようなことが多く、例えば A5 の黒毛和牛のヒレ肉と輸入牛の切り落としでは同じ牛肉です

が、価格も味も全く違うものになると言えば分かりやすいかもしれません。A5の黒毛和牛は1万円以上する高級鉄板焼きや焼肉、輸入牛の切り落としは100円バーガーの原料になったり、ひき肉になったりします。

　豚肉でのテーブルミートとはトンカツやソテー、シャブシャブやなべ物、生姜焼きや炒め物、豚汁、豚丼、角煮、餃子やシュウマイ、ラーメンの焼豚、カレーやハンバーグ、ミートソーススパゲッティなど様々な料理に使われる豚肉のことです。列記すると、ほとんどが日常食べている料理名なのに驚きませんか？　このようにそのまま調理されてご家庭やレストランのテーブルに載るからテーブルミートと呼ばれています。

　テーブルミートは、通常はチルド（冷蔵）で流通し、国産豚が主流です。実際にスーパーの精肉売り場をのぞいてみると、ほとんどが国産豚肉で棚の大部分を占めており、輸入品は一部カナダ産などのチルドポークが目に付く程度です。スーパーやデパ地下で目にする鹿児島黒豚や、高級レストランのメニューに載っている白金豚などの有名なブランド豚肉もテーブルミートです。

　一方、加工原料用とは文字どおりメーカーが加工してハム・ベーコン、ソーセージになる豚肉です。ソーセージはスジが多く硬い肉などをひき肉にして羊腸や豚腸（ケーシング）に詰めて作ります。ですから安い冷凍の肩肉やウデ肉が輸入されています。またハムの名称は、元々は豚のモモ肉（Ham）のことで、そのモモ肉から骨をとって塩漬けにして燻製にしたりゆでたりしたのがボンレスハム（Boneless Ham：骨なし豚モモ肉）なのです。当然、比較的安価な輸入冷凍モモ肉が使われます。ただし広い意味では、このハムに似ている食肉製品もハムと呼ばれています。

　日本では豚ロースを使ったロースハムがあり、人気があります。なお、海外ではロースハムはほとんどありません。海外ではロース肉は比較的安いため、日本のロースハムの原料もデンマークなどからの輸入が大半です。海外ではベーコンも通常はカリカリに焼いてベーコンエッグやサラダのトッピング、ハンバーガーの材料に使われますが、日本のようなバラ肉だけのベーコンに加えて様々なベーコンがあります。例えば、ロースとバラ肉が付いた状態のミドルベーコン、ロース肉だけのカナディアンベーコン（バックベーコン）、そして日本と同じバラ肉のストリーキーベーコン（サイドベーコン）があります。

　また、加工原料用豚肉は主としてハム、ソーセージ、ベーコンなどの原料に使われています。またその他に、切り落としはひき肉にしてハンバーグや餃子の原料、肩ロースはチャーシューやカレー、豚丼の具、バラの煮豚としてラーメンのトッピングや角煮など、多くの冷凍食品や総菜の原料として使われています。ハム・ソーセージメーカーが加工用原料肉の大部分を購入しています。
　豚肉はテーブルミート、加工原料用として世界中で多く使われている重要な食肉なのです。

誰もが知らない不思議な制度
日本の消費者に多大な不利益、海外に不当利益

　なぜ、コストの低い米国産冷凍豚肉シェアが急速に落ちたか不思議だと思いませんか？　ブラジルのマットグロッソ州は検疫の問題で日本は輸入できないという理由があるので日本の通関実績はありませんが、コストの低い米国、カナダ、それにブラジルのサンタカタリーナ州は検疫上の問題がなく、ハムやベーコン、ソーセージなど加工用の原料としては高品質の豚肉ですので、本来なら輸入が増えるはずです。

この経済原則に反する現象は、日本だけにある差額関税制度という不公正貿易障壁（Unfair Trade Barrier）が原因であることは明らかなのです。実際に米国からは貿易歪曲とかアンフェアとかでトランプ政権、ホワイトハウスから指摘されて日米交渉の材料に使われているフシがあります。

　日本は、自由貿易の原則に反している制度を維持することによって、日本が貿易歪曲制度を維持していると攻め立てられかねないのですが、不合理の極みとでもいえるこの差額関税制度による不当利益は豚肉の輸出国側にもたらされているため、海外の誰もが差額関税制度という異常な制度に目をつぶっているのです。そのツケは、海外の不労所得を払わされている日本の消費者に回ってきています。この点は、ほとんどの政治家も、経済学者も、官僚も、消費者団体も、マスコミも知らないのです。

　このような不思議な制度によって日本の消費者に不当な不利益が生じることになったからくりを解き明かしていきましょう。

　日本は、2019年初頭からCPTPP、日欧EPA、すなわちメガFTAの時代に突入することになりました。また、CPTPPから脱退した米国との間では、日米貿易協定の交渉が2019年4月から開始されました。これらの協定の内容を精査してみますと、自由貿易を標榜する協定というものの、必ずしも自由で公正な協定とはいいがたく、消費者や生産者に向けて十分に説明を果たしてきたとも考えられないのが現状です。

　具体的には、世界の中で唯一日本が維持している差額関税制度があります。ウルグアイ・ラウンドが妥結し、WTOが発足した時、全ての加盟国は**非関税障壁を関税化する**という農業協定を批准しました。しかしながら、差額関税という国が決めた基準価格と輸入価格の差額を徴収

するという仕組みは、WTO ルール違反の非関税障壁と呼ばれるものです。本来は WTO の農業協定が発効した時（1995年）に差額関税は廃止されなければなりませんでした。

　日本の農水省は基準価格と輸入価格の差額を徴収する制度を「差額関税価格制度」と名付けましたが、本当のところは WTO 農業協定では「関税」では無いのに「差額"関税"」と呼び方をごまかしたわけです。海外ではこの制度は Gate Price System（分岐点価格制度）と呼ばれておりますが、その理由は、この輸入制度は輸入商社に強制的に分岐点価格（国が決めた国家統制価格：現行では部分肉で524円/kg）で輸入せざるを得なくしているからです。

　我が国では、昭和46（1971）年の豚肉輸入自由化以降、ウルグアイ・ラウンドの妥結によって WTO 協定が発効した後も、半世紀もの長期間にわたり、分岐点価格またはそれに近い価格でしか豚肉が輸入されてきませんでした。

　差額関税と称される"関税"が、まともに徴収されたことはほとんど無いのです。半世紀にわたり輸入価格は分岐点価格524円/kg に固定され、事実上分岐点価格でしか豚肉の輸入ができない制度だからこそ、分岐点価格制度と呼ばれるもう一つの理由です。日本の豚肉輸入だけが国家が決めた統制価格での輸入を強いられ、TPP、日欧 EPA、日米貿易協定が発効した以降も続いているのです。

びっくり！　不公正貿易の一番の被害者は日本の消費者です

　差額関税制度による最も大きな被害者は日本国民であり、受益者は実際には海外の豚肉輸出企業であるという驚くべき事実もあります。政府が認めているコンビネーション輸入方式（分岐点価格輸入方式）という

輸入方法、すなわち政府公認の抜け穴があるためです。詳細は後述しますが、この差額関税制度は、高い価格で輸出すると"関税"が低くなるという仕組みですから、受益者は海外の豚肉輸出者になるわけです。そして、差額関税制度が生み出す不公正なコストを負担しているのは日本国民なのです。

　半世紀の間に、世の中は大きく変化しました。為替レートは1ドル360円の固定相場から自由相場に移行したのちに円高時には70円台まで変化し、2020年初には110円台を付けています。もちろん豚肉の国際価格も当然のことながら大きく変化してきました。しかしながら日本の豚肉の輸入価格は、ほとんどが国家統制価格である524円/kgから変化しないという市場経済社会において、通常の国際取引ではあり得ない異常な状態が続いてきたのです。

　非常に重要なことですので、強調しますが、日本国民が不公正なコストを負担し続けたこと以外に、非関税障壁である可変課徴金がなぜ問題なのかといいますと、WTOが設立されたときの条約にWTO加盟国はすべての非関税障壁を関税化するという条項が明文化されているからです。そして、ほとんどの日本人は気が付いておりませんが、その問題について米国トランプ政権が日本の農産物貿易に対して強く非難し始めたからです。

　日米二国間交渉が始まる前の2019年3月に米国のホワイトハウスから2件の不正貿易に関する重要な報告書が発表されました。一つは米国トランプ大統領が米国議会に対して提出した「2019年大統領経済報告」（2019年3月19日付）で、もう一つは米国通商代表部（USTR）発行の「2019年貿易障壁年次報告書」（3月29日付）です。結論から言いますと、このどちらの報告書も日本が不公正な貿易制度によって米国からの農産物の輸出を阻害していると非難する内容です。特に農業分野におい

ては日本の豚肉市場の閉鎖性と貿易歪曲性を批判し、日米貿易協定交渉に厳しい姿勢で臨む考えをはっきりと示したのです。

このようなこともあり、日本は農業分野で譲歩した一方で、オバマ前米政権が主導したTPPの、米国は日本から輸入する自動車などの工業製品に対する関税をすべて撤廃するとの約束が反故にされるなど、日本側の大幅譲歩で合意してしまいました。

この合意については、2019年12月3日の参院外交委員会では、野党統一会派の小西洋之議員からは「審議を通じて明らかになったことは、協定は最初から国民無視が前提、国民への説明責任放棄が前提という真実だけだ」という発言がなされました。また、無所属の伊波洋一議員からも「日本ひとり負けの、令和の不平等条約だ」との強い発言がなされましたが、結局のところ翌12月4日の参院本会議で自民、公明の与党と日本維新の会の賛成多数で可決され2020年1月1日より協定発効となりました。

しかし、この野党のお二人を含めて国会議員の多くが差額関税制度の問題に関してはほとんど知らずにコメントしていたものと思います。日本国民が、この差額関税制度という不公正貿易制度の最大の被害者であるにもかかわらず、ほとんどの国会議員が知らないのです。日米交渉においては、"日本の"不公正貿易制度が問題であるのは当然ですが、それからレント（不労所得）を得ている米国から、逆に不公正貿易制度であるとの攻勢にさらされて、TPPより大きく後退した内容で合意せざるを得なかったという、まさに踏んだり蹴ったりに加えて、泣きっ面にハチの状態なのです。

元外交官が著者の『国益ゲーム』という本で明らかになった問題点

奇しくも 2020 年 4 月に『国益ゲーム』という書籍が出版されました。著者は、WTO 交渉担当、条約担当だった元外交官で、前衆院議員の緒方林太郎氏です。同氏は東大法学部在学中 3 年生の時に外交官試験を最年少で合格し、1994 年に 21 歳で外務省に入省した非常に優秀な "外交通商" の専門家です。

この本の内容は、これまでの日米間の主要な貿易協議の歴史的な流れに沿って米国の通商政策の分析、解説をするとともに、近年締結された TPP や日欧 EPA、日米貿易協定の実態を通商政策に携わってきた専門家ならではの鋭い切り口で明らかにしています。

とくに "豚肉の差額関税制度" に関しては、コメとともに「魑魅魍魎の住む魔界」として特別に章を当て、差額関税制度には 12 の嘘があるとして強烈な批判を展開しています。この内容については農水省に対しては、かなりのインパクトがあったはずです。ご興味があれば購読して頂きたいのですが、ここでは『国益ゲーム』の「豚肉差額関税制度」についての内容にふれてみたいと思います。

最初に著者は差額関税制度の異常さを米国の豚肉パッカー（食肉メーカー）との会話の中に見つけています。"経済原理的にはおかしいが、自分たちがこの制度によって儲かっているので制度を改善する必要性は無い" とパッカーが語っていること自体が、差額関税制度の歪みについて端的に物語っており、"日本の豚肉差額関税制度は、当初から現在に至るまで誤って理解され、将来にわたって誤解と不利益をばら撒いている" と断じているのです。

　私は長年にわたって差額関税制度を撤廃すべきであるという論陣を
張ってきたのですが、私に言わせても、この外交通商専門家である緒方
氏の主張には同意し納得する点が非常に多いのです。

　ここで、『国益ゲーム』でも指摘している、"差額関税制度がWTO条
約（農業協定）違反である"という問題点について解説しましょう。図
2をご覧ください。豚肉差額関税の図です。緒方氏が「豚肉は他の品目
と比べて、明らかに関税率のグラフが異質であり、WTO協定で農産品
全てが関税化された現代社会においてこのような関税制度は日本の豚肉
だけである」と述べていますが、その指摘のとおり、世界を見渡しても
このような輸入制度はなく、"日本の豚肉輸入"のためにしか存在しな
いのです。

　WTO農業協定では、ミニマム・アクセス（最低輸入量）という大き
な代償を呑むことによって関税化を免れたコメ以外の日本の農産物は、
全て関税化しなければ条約違反ということになっており、豚肉の差額関
税制度も関税化しなければならない制度であったのです。

　ところで、関税化とは通常の関税すなわち従価税と従量税またはその
混合税に転換するということです。これら従価税・従量税の定義は以下
のとおりです。

　　従価税：輸入価格に対し、一定の割合で課す租税（輸入価格×○
　　　　　　パーセント）
　　従量税：輸入貨物の重量などに対し、一定の金額で課す租税（輸入
　　　　　　量○kg×○円/kg）

　さて、再度図2をご覧ください。①の従価税率適用価格帯（輸入価
格524円以上）については、従価税の定義（輸入価格に対し一定の割合

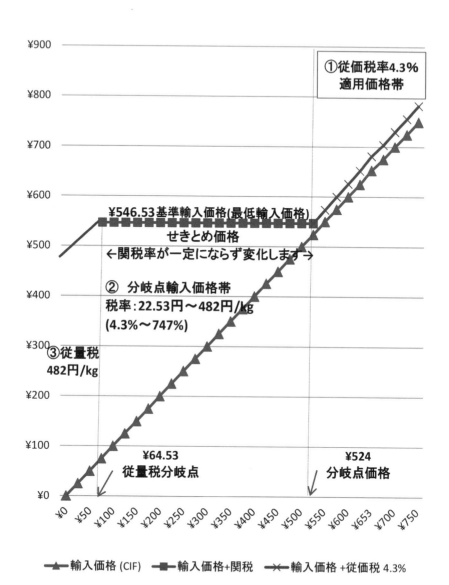

¥900

①従価税率4.3%
適用価格帯

¥800

¥700

¥600

¥546.53基準輸入価格(最低輸入価格)
せきとめ価格
←関税率が一定にならず変化します→

¥500

② 分岐点輸入価格帯
税率：22.53円〜482円/kg
(4.3%〜747%)

¥400

¥300 ③従量税
482円/kg

¥200

¥100

¥64.53
従量税分岐点

¥524
分岐点価格

¥0

¥0 ¥50 ¥100 ¥150 ¥200 ¥250 ¥300 ¥350 ¥400 ¥450 ¥500 ¥550 ¥600 ¥653 ¥700 ¥750

──▲──輸入価格 (CIF)　──■──輸入価格+関税　──✕──輸入価格 +従価税 4.3%

図2　日本の差額関税制度（現行・通常時）
税率は22円53銭から482円/kg まで変化

4.3％を課す。輸入価格○円×4.3％）が当てはまっていることがお分か
りいただけると思います。③の従量税価格帯（輸入価格64.53円以下）
の部分は従量税の定義（重量に対して一定の金額482円を課す。輸入量
○kg×482円/kg）が当てはまっていることも一目瞭然です。では②分
岐点輸入価格帯の64.53円（従量税分岐）から524円（分岐点価格）ま
ではどうでしょうか。

　この②分岐点輸入価格帯では、従価税の定義にある"税率は一定の
割合"でも、従量税の"一定の金額"でもどちらでもない、"税率が一
定でない価格帯（輸入金額○円×4.3％〜747％）"なのです。そのため、
図2の差額関税制度は、「従量税」と「通常の関税ではない差額関税」
と「従価税」の3つの部分からなる特異なキマイラ税になっているので
す。キマイラとはギリシア神話に出てくるライオンの頭と山羊の胴体、
毒蛇の尻尾を持つ伝説上の生物です。

　加えて、従量税が適用される③の部分のキロ64円53銭以下、すなわ
ち100グラム6円50銭のとてつもなく安価な豚肉は存在しません。この
ことは差額関税制度の制度設計が、税率が一定である通常の関税とは全
く異なる課徴金（基準輸入価格と輸入価格の差額を徴収する）で成り
立っていることを示しているのです。従って日本の豚肉差額関税制度
は、WTO設立時に発効した条約（農業協定）の理念である「全ての貿
易障壁の関税化」に明らかに違反しているのです。

　実際にトランプ政権の米国通商代表部（USTR）の発行する「2020
年貿易障壁年次報告書」においても、"米国産豚肉の日本への輸出は、
WTO条約違反である可変課徴金（Variable levy）のように機能する貿易
歪曲的（Trade-distorting）な「分岐点価格制度」（Gate price mechanism）
の影響を受ける"と厳しく指摘されています。

我が国においても、先述の財務省東京税関長を務めた故志賀櫻弁護士やWTO上級委員であった松下満雄東京大学名誉教授、同じくWTO上級委員を務めた谷口安平京都大学名誉教授、農業経済学会会長を務め現在も政府の規制改革推進会議の専門委員である本間正義東京大学名誉教授をはじめ、多くの国際経済法専門家が差額関税制度についての条約上の問題点を指摘してきたのです。

　ところで、なぜこのような国際法違反の制度が1994年のウルグアイ・ラウンド締結、1995年のWTO条約発効以降も生き永らえてきたのか、『国益ゲーム』に面白いことが書かれています。それは通商交渉における"玉砕文化"という言葉で表されているのです。

　当時、農業団体や農林族議員から「コメの関税化断固反対」とか「豚肉差額関税絶対維持」とか、非常に困難な条件を背負わされて通商交渉に赴く官僚は、最初からWTO条約（農業協定）の"例外なき関税化"に完全に違背することが十分に分かっていたはずです。まさに最初から「断固反対や絶対維持」が全く無理難題であり、圧力団体の意に沿った結果になることは不可能で、玉砕することを十分に理解しつつ交渉に臨まざるを得なかったのです。

　"差額関税撤廃絶対反対"という国内の強い圧力を受けて通商交渉に当たった当時の官僚にとって、豚肉の差額関税を維持できなければ国内で非難ごうごう怒鳴りつけられることは目に見えていたはずです。かといって差額関税維持に成功して、安い豚肉が入らないようにする差額関税本来の"せきとめ効果"を厳密に適用した場合には、ハム・ソーセージ加工原料の豚肉が高騰してマスコミや消費者から非難され、条約違反として国際的な大問題となるという厳しい状況だったのです。

　このような瀬戸際の中で、当時の官僚は是が非でも「差額関税絶対維

持」という命題を死守した上で、かつマスコミからも、消費者からも、そして豚肉供給国の欧米からも非難されることが無いような仕組みで難局を乗り切らなければならなかったのです。

　そのため"コンビネーション輸入"という条約にも法律にもない非関税障壁を利用し、本来であれば国際的な非難を浴びるはずの条約違反を海外に不当利益（レント）を生じさせることによって海外からの非難を封じ、我が国のマスコミにも生産者にも消費者にも、そして法律家にも分かりにくい全く複雑な制度に仕立て上げることに成功したのです。

　この新たな非関税障壁であり、差額関税制度においては関税が最小になる分岐点価格524円での国家統制価格で輸入を強いるコンビネーション輸入（分岐点価格輸入）については、詳細を本書で別途解説していますのでご一読ください。

『国益ゲーム』が指摘する12の嘘

　さて、『国益ゲーム』では、農水省の12の嘘という項目を立てて興味深い分析と解説を行っています。それぞれの嘘について簡単に説明してみたいと思います。

嘘その1：「差額関税制度」ではなく、「分岐点価格輸入制度」
　差額関税制度という言葉から連想するのは、基準価格と輸入価格の差を徴収する関税ということになりますが、実際には差額を徴収するのではなく、分岐点価格524円での輸入を強制しているという点で「分岐点価格輸入制度」とも呼ぶべきであり、"自由貿易の理念を完全に否定する仕組みである"と断じています。私もこの点については国家によって輸入を強制されている点において分岐点価格とは、国家統制価格と呼ぶべきであると考えます。財務省貿易統計を見れば豚肉が自由化されて以

来、半世紀にわたって国家統制価格で豚肉の輸入がなされてきたことは一目瞭然です。

嘘その２：現実と乖離した国会答弁

　この指摘は、前衆院議員であった緒方氏ならではの指摘です。農水省は国会においてあたかも基準輸入価格（分岐点価格＋関税22.53円＝546.53円）が「せきとめ価格」であると説明、546.53円未満の豚肉は輸入されないとしてきましたが、コンビネーション輸入が行われてきたことを長い間秘匿して現実と乖離した国会答弁を行ってきたと指摘しています。

嘘その３：錯誤を与える資料

　農水省の作成する説明資料の図が意図的に縮尺を誤って作成されてきたため、TPPにおいても手厚い差額関税によって豚肉生産者が保護されているように見せています。農水省のTPPの結果、説明資料には嘘が多かったがこれが最大級の嘘だと述べています。

嘘その４：歴史の書き換えとそれに気づかない国会議員

　農水省は、過去一貫して国会や生産者に対して説明してきた差額関税制度の機能である「せきとめ価格」によって「安い豚肉が入ってこない」という話から、TPP交渉が妥結に近づいた辺りから、こっそりと大転換してコンビネーション輸入により安価な豚肉も輸入されるが、高価格部位も一緒に入ってくるため「安い豚肉だけが入ってくることは無い」との説明に変化し、歴史を書き換えたと厳しく指摘しています。しかしながら、国会議員はこの変化に全く気が付いていないと述べています。筆者の知人である農水省官僚OBも、はっきりと差額関税は"せきとめ価格"であるが、安価な部分（64.53円/kg以下の価格）に482円/kgの従量税があるので、差額関税制度は従量税と従価税の複合税だと間違った認識を持っていたことを私は覚えています。日本の多くの官僚で

すら通常の関税（従価税・従量税）とWTO農業協定で禁止された差額関税（可変輸入課徴金・最低輸入価格）との区別がつかなかったのではないかと思います。

嘘その5：国際的に通用しない論理

　差額関税制度は、WTO農業協定で禁止されている「最低輸入価格」に当たる恐れが極めて高いと緒方氏は指摘しています。最低輸入価格とはどんな価格で輸入しようとも最低輸入価格との差額をすべて徴収する制度で、これは自由貿易を阻害するのでWTOで禁じられており、諸外国から「最低輸入価格である」との指摘が数多くなされてきたとも述べています。また、農水省は過去には長い間、差額関税制度は"せきとめ価格"であると誤った説明をしてきましたが、現在では「コンビネーション輸入があるため基準輸入価格より安い豚肉が流通するため最低輸入価格には当たらない」というように歴史を書き換えています。このような説明は国際的に通用しない論理でありますし、そもそもコンビネーション輸入で分岐点価格での輸入を貿易商社に強いている仕組み自体がWTOで禁止されている非関税障壁に当たるとも指摘しています。

嘘その6：本来コンビネーションは組めない
嘘その7：さらに進む人為的な価格づくり

　ここでは、その6と7を一緒にして説明してみましょう。

　円高の時にも円安の時にも高い豚肉と安い豚肉をコンビにして分岐点価格524円で輸入されてきましたが、著者の緒方氏は、本当にそんなことが可能なのかどうか疑問を呈しています。また、この価格は人為的に分岐点価格に合わせて作られたものにならざるを得ないと指摘しています。

　日本の輸入申告価格は、通常は米ドル建てのケースがほとんどなのですが、その場合は輸入申告日の前々週の米ドルの平均レートで円に換算

して課税価格が決定されます。ところが、豚肉の輸入の場合は、ドル建てではなく、円建ての輸入価格、それもピンポイントの分岐点価格524円/kgで輸入されています。それもほとんどがパッカー（食肉加工メーカー）からの直接輸入ではなく、トレーダー（貿易商）を通じての輸入なのです。なぜでしょうか？　それは、ドル建てで輸入して円高になった場合、分岐点価格を下回り高い関税が徴収されるので、それを避けるためです。

　例えば価格が$5.24/kgの豚肉を輸入する場合に、税関の公示米ドルレートが100円であれば、輸入価格は524円になりますので、関税は4.3％（22.53円）となりますが、公示レートが80円となった場合には419円の輸入価格になります。そうすれば、関税は546円（基準輸入価格）との差額になりますので127円（税率24％）に跳ね上がります。海外で同じ品質の豚肉を同じドル価格で輸入しても、為替レートが変化しただけで、税率は一定に定まらずに大きく変化し、支払う関税額が大きく増加します。為替レートは予測不能ですので関税率も予測不能となり、輸入コストの計算もこのままでは不可能なのです。また、このことは海外の市場価格が日本国内の価格に反映されないことになります。そもそも予測不可能な為替レートの変化で税率が変動するということ自体が、WTO農業協定の禁止している可変輸入課徴金にあたるのです（参考：松下満雄東京大学名誉教授、元WTO上級委員「意見書」）。

　輸入商社にとって、豚肉1キロで100円のコストの差というのは非常に大きいのです。例えば日本の2019年度の豚肉輸入量が95万3000トンですのでキロ当たり100円の違いは、すなわち953億円の関税増、すなわち負担増になるのです。そしてこの負担増は全て消費者価格に反映されることになるのです。

　ここで、為替レートの変動がどのように輸入価格に影響しているのか

見てみましょう。図３は過去10年間の米ドルと円の為替レートを示したものです。2012年１月には１ドル＝76.19円の最高値をつけて以降、今日まで、80円台から120円台の間で変動しています。

そのため、為替レートがどのように変動しても、海外の豚肉相場が高騰しても下落しても、日本に豚肉を輸入するためには、人為的に政府の統制価格である524円（分岐点価格）のインボイス（送り状：請求書）を作らざるを得ない状況を、この差額関税制度が豚肉を輸入する企業に強いているのです。

図３　10年間の冷凍豚肉・冷凍牛肉の輸入価格と為替レートの推移

出典：独立行政法人農畜産業振興機構、国内統計資料をグラフ化（為替レートは各月の終値）
異常な点）
1　豚肉輸入価格は円高・円安にかかわらずTPP以降も524円に貼り付いています。
2　通常の関税（従価税）である牛肉輸入価格は、円高では安く円安になると高くなります。
3　冷凍牛肉輸入価格より、分岐点価格に貼り付く冷凍豚肉が高い状態がほとんどです。

嘘その８：輸入時の欺瞞

　ここで緒方氏は、コンビネーション輸入は脱税の見逃しをしていると

指摘しています。コンビネーション輸入はイベリコなど高級ヒレやロースなど高価格豚肉と通常の小間切れなど低価格部位を抱き合わせにして「高価か安価か関係ない平均単価の豚肉」として輸入が可能であるばかりか、長年税関も豚肉に限ってはこのような輸入方法を認め「誰もが豚肉の本当の価格を知っているはずなのに知らない振りをしてきたことをコメディだ」としています。

　過去において税関は高い豚肉と安い豚肉が分かる場合には、一本価格ではなく個別の価格で輸入申告すべきであると指導し、事後調査において実際の個別価格が契約書、メモ、パソコン資料などで判明した場合には、安価な豚肉に高額な差額関税を課税していました。このことを私は「コンビの破れ」と名付けていますが、豚肉輸入商社は、「コンビの破れ」によって巨額の関税を課せられてきました。

　しかしながら、近年は政府農水省が「差額関税制度下では、安い部位と高い部位と組み合わせるコンビネーション輸入が経済的に最も有利」とまで認めている以上、欺瞞は終わり、今後は「コンビの破れ」を理由として税関が差額関税を徴収することは困難になったと考えられます。加えて、過去においてもコンビネーション輸入で差額関税を徴収した事案の中には「コンビの破れ」も多々あったのではないか、憲法違反や条約違反だとする以前に、私は「冤罪」であったのではないかとも思えるのです。

　また、多くのエンドユーザー（加工メーカー）には、ソーセージだけを作っているメーカー、餃子だけを作っているメーカー、ベーコン用のバラ肉だけが欲しいメーカーなどが、多くあります。彼らにはロースやヒレ肉はいらないのです。ところが、コンビネーション輸入では、必要な加工用の豚肉だけでは輸入できないという大変理不尽な状況が生まれています。そのため、特に中小メーカーにとって、自由な輸入買い付け

ができなくなっているのです。差額関税制度には経済活動の自由を阻害
している一面があるのです。

嘘その9：守られていない国内生産者

　この項では、日本の養豚生産者が政府（農水省）に騙されてきたこと
を述べています。すなわち、日本政府は"嘘その4"でも述べたとお
り、国会議員や養豚生産者に対しては、長い間、差額関税は「せきとめ
価格」であると説明してきました。そのため、生産者団体は、長年脱税
輸入の摘発強化を訴え続けてきましたが、結果的にはそのような摘発事
案が多発することはありませんでした。それもそのはずです。近年ま
で、政府は表では「せきとめ価格で安い豚肉は輸入させません」と言い
ながら、実際には最初から裏でコンビネーション輸入を認めてきたから
です。

　生産者団体は、コンビネーション輸入の実態に気が付いて以降は、分
岐点価格が枝肉価格をベースに設計されているので、任意な豚肉の組み
合わせのコンビネーション輸入ではなく、枝肉輸入またはフルセット輸
入（1頭買いの骨なし豚肉）が正しい差額関税の運用であると訴えてき
ましたが、その訴えが認められることはありませんでした。なぜなら
ば、枝肉輸入またはフルセット輸入になれば、海外の価格は一目瞭然で
あるため、日本の税関は本来のせきとめ価格で課税することになるから
です。この説明は後述しますが、輸入がせきとめられた場合には確実に
欧米と貿易紛争が起こります。

　さて、コンビネーション輸入の生産者に対する弊害を述べましょう。
コンビネーション輸入については、高い豚肉と安い豚肉を抱き合わせに
して関税が最も低くなる分岐点価格で輸入する方法だと述べました。こ
の場合の高い豚肉とはイベリコなどの高級豚肉や、ヒレやロースなどの
高級部位ですし、安い豚肉とは冷凍の加工原料部位でソーセージやハン

バーグなどに、ひき肉として使われるスジの多いウデ肉や切り落としになります。モモやバラ肉、肩ロースは汎用部位でハム、ベーコン、焼豚などの加工原料にも、焼肉、生姜焼きや角煮、シャブシャブなどのテーブルミートにも使えるため海外で人気が高く、状況によっては高価格にもなります。豚肉は部位によって品質も用途も異なります。価格も当然異なります。国産の豚肉でも黒豚やもち豚などのブランドポークがイベリコなどのヨーロッパ産高級豚肉との競争に足をすくわれつつあるのです。

　コンビネーション輸入（高級ポークと加工原料のコンビネーション）で起きていることは、まとめると次のようになっているのです。

　　①消費者の不利益
　　　小間切れやウデ肉、モモ肉などハム・ソーセージ用冷凍豚肉加工原料は、海外パッカーが値段を吊り上げて不当な利益（レント）が発生、**それを日本の消費者が負担しています**。
　　②生産者の不利益
　　　イベリコや高級部位のヒレ肉、ロース肉などは、分岐点価格の低率関税で輸入され、日本の高品質銘柄豚肉や高級部位との間で、**養豚生産者が不必要な競争に晒されています**。

嘘その10：輸出入業者の足元を見た譲歩

　TPPや日欧EPA初年度（従量税125円）から10年後（従量税50円）の豚肉の関税についてグラフにしました。従来どおり分岐点価格524円を設定し差額関税部分を残しています。その理由について、緒方氏はなぜ農水省はこのような歪な関税にしたのか疑問を呈しています。

　過去には差額関税制度絶対維持と主張していた日本の生産者は、TPP交渉が始まった2010年ころには、既に差額関税制度のコンビネーション輸入によって、大部分の生産者は全く保護されていなかったことに

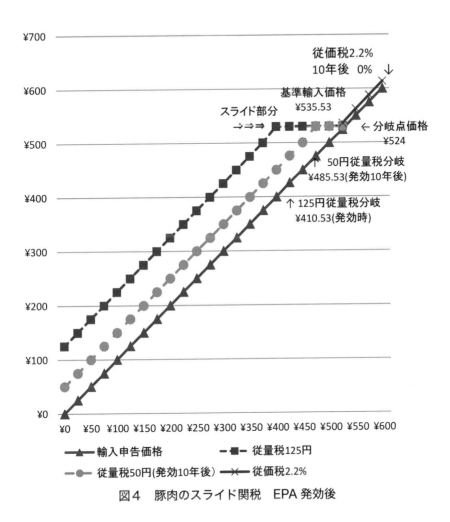

図4　豚肉のスライド関税　EPA 発効後

気づいており、それ以降は、差額関税などを廃止して10％の従価税や50円の従量税で真っすぐな関税にした方が良いとも考えるようになっていました。

　10％の従価税や50円の従量税というと大変な譲歩のように思われるかもしれませんが、面白いことに関税収入は、差額関税制度（分岐点価格輸入制度）の２倍以上に増えたはずです。なぜならば、コンビネーション輸入では、キロ当たり22.53円の関税しか徴収できていなかったためです。50円の従量税となれば、コンビネーション輸入の２倍以上の関税収入になるのです。

　差額関税を撤廃して、通常の関税にすれば、貿易歪曲や海外パッカーの不当利益を是正できた上に日本の関税収入が２倍以上になるというまさにビッグチャンスがTPPの重要品目である豚肉にあったのに、日本政府は見逃してしまった上にTPPでも歪な、世界にもまれな分岐点価格のある関税制度を残してしまったわけです。

　その理由を緒方氏は次のように指摘しています。そのまま通常の関税に転換すれば、ソーセージ原料のウデ肉や小間切れなどが単品で輸入されることになり、それらの低価格部位のリアルな価格が白昼の下に晒され、同時に抱き合わせだった高価格部位の価格も分かるため、いままでのブラックボックスのからくりが全て公開されてしまうのは都合が悪い。すなわち農水省は分岐点価格での輸入には無理があったことを知りつつ違法申告、違法なコンビネーション価格づくりを大前提とした上で、あえて差額関税部分を残して輸入企業の足元を見たのではないか。

嘘その11：10年後にもコンビネーション輸入が続く？
　農水省は10年後に従量税は50円、分岐点価格以上の従価税は無税となることに関して「コンビネーション輸入は続く」と説明しています

が、緒方氏は「完全に間違えている」と指摘しています。なぜならば消費税を考慮すると300円のウデ肉をそのまま輸入申告すると関税が50円で消費税が10％になります。関税（50円）＋消費税（35円）で合計85円の税額、これを分岐点価格（524円）で申告すると関税は0円ですが、消費税は52.4円なので、その差は32.6円になります。

　しかしながらコンビネーション輸入には、不要な高価格豚肉を抱き合わせにしたり、輸出企業や輸入企業を間に入れたりするためコストがかかる上に、追徴課税のリスクがあるため33円程度の差であれば、割に合わないはずです。そのため、欲しい部位だけを単品輸入する輸入企業がほとんどになるため、農水省の言うようにはならないとしています。農水省の机上の計算より、緒方氏のほうが、よほど説得力があります。

嘘その12：アメリカ産シェアの低下は競争力が高すぎるため
　アメリカ産シェアの低下についてはTPPや日欧EPAによって関税が下がったということは誤解であり、むしろアメリカの豚肉価格の競争力が高い上に情報公開が進んでいるためコンビが組みにくいという、皮肉な状況によると指摘しています。この件の詳細は先述のとおりです。

　ここまで、元外務官僚の緒方林太郎氏の著書の『国益ゲーム』「第6章　魑魅魍魎の住む魔界2　誰も正しく理解していない豚肉輸入の闇」について私なりに説明してきました。ご興味があれば、是非直接購入してお読みいただきたいと思います。

経産省OBの国際経済法専門家の差額関税裁判の批判

　ところで、『国益ゲーム』が出版される約1カ月前の2020年3月2日に興味深い論考が日本評論社のWEB（https://www.web-nippyo.jp/17294/）に掲載されました。いままで差額関税の脱税で摘発されたり、告訴され

たりしたことが、「条約違反の法律（関税暫定措置法）によって裁かれたのではないか」と、国際経済法の専門家によって疑義が表明されたのです。

　その論考の題名は、"（多分）国際法違反の法律なのに、違反したらなんで有罪？"です。"多分"と言っているのは、この作者が少しは日本政府に遠慮があったからではないかと私は思っています。なぜなら作者の川瀬剛志上智大学法学部教授は、過去に経済産業省通商政策局通商機構部参事官補佐、経済産業研究所研究員、経済産業研究所ファカルティ・フェローを歴任された政府に近い方だからです。しかしながら、財務省OBの故志賀櫻氏、外務省OBの緒方林太郎氏に加え経産省OBの川瀬剛志氏など、通商政策に通じた錚々たる官僚OBが差額関税制度の本質を十分に理解し疑問を呈しているのは非常に重たい事実であると私は考えます。

　国際法違反の法律であれば、それは条約の順守を規定した日本国憲法98条に違反している法律であり、差額関税制度を規定した関税暫定措置法は憲法違反の法律になるということを分かりつつ国際条約違反であることを指摘しているのです。にわかに信じがたいことでありますが、過去において日本の畜産業界の中で、多くの豚肉輸入商社、ハム・ソーセージメーカーなどの企業が、違憲法律で裁かれてきたということになるのです。

　差額関税制度は、古くは第一次安倍内閣時の経済財政諮問会議グローバル化改革専門調査会の2007年5月8日第一次報告で、「差額関税制度については廃止し、単純かつ透明性の高い制度に変更すべきである」とされ、USTR（米国通商代表部）からは、2019年、2020年と2年連続で、「貿易歪曲（WTO条約違反の）可変課徴金と同様の制度だ」と非難されてきました。

　このような不当な WTO 条約違反の非関税障壁を日本は維持している
のですが、日本は、中国や韓国などを様々な点で不当な輸入障壁を持つ
国であり、条約や国際法を守らない国であるとして批判しています。自
由貿易を堅持する日本としては批判するのは当然のことだと思います。
しかしながら、私は他国を批判するのであれば、我が国も自らの襟を正
す必要があると思っています。

　2019年の大阪サミットでは安倍総理（当時）は「自由、公正、無差
別な貿易体制の維持」を宣言しました。しかしながら、実際は差額関税
制度によって、WTO 条約違反という汚名をかぶりつつ、コンビ輸入を
認めることで我が国の生産者を守らず、海外に不当利益が残り、日本国
の消費者が海外の利益を負担するという誰が見ても著しく異常で不合理
な差額関税制度を維持する結果となっているのです。そして、"憲法違
反の差額関税を規定する法律"で自国民すなわち豚肉輸入企業を不当に
裁いてきたのです。

　いま、この稀代の悪法である"差額関税制度"は、TPP、日欧 EPA
や日米協定によって徐々に消えていく運命にあるのですが、まだまだこ
れらの協定外の豚肉対日輸出国、すなわち TPP を批准していないチリ、
協定外のブラジル、日欧 EPA 離脱の英国、口蹄疫清浄国になり将来的
に豚肉輸出の可能性が出てきた台湾などに対しては従来の差額関税制度
の呪縛が続いていくことになるのです。

　筆者は、我が国の政府がこのような愚を犯していたことを業界の多く
の人々に知って頂きたいと強く願っています。「省益あって国益無し」
という高級官僚を揶揄する言葉がありますが、この差額関税制度は国益
にも省益にも日本国の誰のためにもならない制度なのです。消費者はも
ちろんのこと、本来であれば関税を課すことで護るべき生産者に対して
も不利益を生じさせているのです。その実態については、コンビネー

ション輸入の説明のところで述べます。何度も申しますが、残存する差額関税制度は速やかに撤廃すべきであると私は強く思っています。

コラム　日本の豚のほとんどが三元豚

　日本で飼育されている主な豚の品種（原種）について説明しましょう。多くの方は、三元豚という名称を聞いたことがあると思います。麻雀を知っている方であれば大当たりの役満、白發中の大三元にゆかりのある特別な豚のようなイメージを抱かれるかもしれません。しかしながら、実のところ日本の９割以上が三元豚なのです。

　肉用豚には大きく分けて白豚と黒豚があります。そして、豚肉生産量の９割以上は３元交配の白豚で、黒豚生産量は５％程度といわれています。黒豚にも白豚にも色々な品種がありますが、日本で黒豚表示が認められているのは英国原産のバークシャー種の純血種です。

　一方、白豚の多くは三元交配や四元交配といって３〜４種類の豚の交配種です。交配種は、発育が早く、胴が長く、産肉能力が高い、体質が丈夫で病気になりにくく、加えて肉質が良いなどそれぞれの原種の良い資質を受け継いでいます。一般的に豚は３タイプに分類されます。すなわち脂肪が多いラードタイプ、赤身が多いベーコンタイプ、脂肪と赤身のバランスが良い精肉用のミートタイプです。

　豚の原種は数多くありますが、日本で飼育されている肉豚の９割以上は３種の豚を掛け合わせた三元交配の白豚です。

L：ランドレース種♀ ────── W：大ヨークシャー種♂
　　　　　　　　　↓
　　F1（L×W）交配種♀ ────── D：デュロック種♂
　　　　　　　　　　　↓
　　F2三元交配豚（LWD 肥育用肉豚）

白豚（ランドレース種）

　デンマーク原産の白色大型の豚で、発育が早く産肉能力に優れ、繁殖能力も高い。また胴体が長くロースが多く取れるベーコンタイプの豚で三元交配に使われる原種豚です（写真1）。

写真1　Zeilog, Wikipedia　ランドレース種

赤豚（デュロック種）

　アメリカ原産の赤褐色の大型豚で、赤豚とも呼ばれています。発育がよくロース芯も大きく、味や肉質も良いミートタイプの豚です。世界的に白豚三元交配に使われているほか、純血種はスペインなどでハモンセラーノ（生ハム）の原料にも使われています（写真2）。

黒豚 (バークシャー種)

　鹿児島や宮崎などの南九州で主に飼育されているのが黒豚です。黒豚は、イギリス南部のバークシャー州が原産地で、全体は黒いが、鼻、四肢、尻尾の6カ所が白いため「六白」とも呼ばれている中型の豚です。白豚に比べて繁殖能力、発育能力など多少落ち、三元交配の豚より成育に長期間必要なため、コストは高くなります。このように生産には不利

写真2　ALIC　デュロック種

写真3　ALIC　バークシャー種

な黒豚ですが、肉質が優れているため人気が高いのです。脂肪の融点は高くしっかりしており、肉のキメは細かく柔らかなのが特徴です。なお、バークシャー純血種にのみ"黒豚"の表示が認められています（写真3）。

SPFポークは無菌豚か？

　SPF豚と聞くと"無菌豚"と勘違いしている人がいますが、これは無菌豚ではないということに注意が必要です。SPF（Specific Pathogen Free）とは、日本SPF豚協会が豚の疾病を招くとして規制している5種類の病原体をもっていない「特定疾患不在豚」と呼ばれる豚のことです。5種類の病原体とはマイコプラズマ肺炎、トキソプラズマ感染症、萎縮性鼻炎、豚赤痢、オーエスキー病（豚ヘルペス）です。

　豚舎は厳重な防疫体制を取ってはいますが、通常の豚舎であり無菌室で飼育されているわけではありません。SPF豚は疾病によるストレスのない快適な環境で育てられるため、肉質も軟らかく、豚のシャブシャブなど加熱処理時間の短い料理用の肉に向いています。なお一部で刺身や寿司など生食をしても問題ないとの誤解もありますが、E型肝炎感染のおそれは残るため、たとえSPF豚肉といえども加熱調理が必要であることに十分注意していただきたい。無菌室で育てられた無菌豚（Germ Free）とは違うのです。

8　差額関税制度とはなにか？

WTO加盟国では唯一日本だけにあり、豚肉だけの異様な輸入制度

　差額関税制度（Gate Price System）とは、農水省が1971年の豚肉輸入自由化の時に導入された制度です。この制度は、輸入価格と政府が決めた基準輸入価格との差額を徴収するもので、WTO（世界貿易機関）加盟国では、唯一日本にだけ残っており、それも豚肉の輸入のみに適用されている制度です。

　豚肉の差額関税制度（別名：分岐点価格輸入制度）という日本だけの特殊な輸入制度では、分岐点価格（1キロ当たり524円）という最低価格での輸入が最も関税が低い税率（従来は4.3％）となります。輸入額が分岐点価格を超えれば、4.3％の従価税が課され、逆に分岐点価格より低い輸入価格ならば、基準輸入価格（524円×4.3％＝546.53円）との差額が徴収されるというものなのです。

基準輸入価格とは

　豚肉の差額関税制度とは何かを理解するためには、分岐点価格（Gate Price）と基準輸入価格について知っておく必要があります。基準輸入価格とは制度設立当初から近年まで「せきとめ価格」と呼ばれていたもので、関税を加えた豚肉の輸入価格が基準輸入価格を下回らないように制度設計されています。ですから現行の基準輸入価格546.53円が最低輸入価格として機能しており、輸入豚肉価格がせきとめられていました。

分岐点価格とは

　分岐点価格とは海外ではゲートプライスと呼ばれているとおり、結果的に豚肉輸入の関門のような働きをもった価格です。輸入される豚肉が分岐点（ゲート）によって高関税率の差額関税（地獄行き）なのか、それとも低関税率の従価税（天国行き）が適用されるのかの分岐になる価格が分岐点価格なのです。具体的には分岐点価格524円以下の価格の豚肉は基準輸入価格との差額が徴収され、524円以上の高い価格の豚肉は従価税4.3%の適用になります。

　なお、分岐点価格では差額関税額（546.53円－524円＝22.53円）と従価税額（524円×4.3%＝22.53円）が同額になり、図1のように関税額が最も低くなります。豚肉輸入においては天国の中の天国、楽園の中の楽園に通じる特別の価格です。

　そのため豚肉を輸入する企業は、この天国に通じる関門すなわち分岐点価格524円での輸入通関を極力目指すことになるわけです。このような理由で誰もがほぼ分岐点価格で豚肉を輸入するため差額関税制度は別名「分岐点価格輸入制度」と呼ばれ、海外では Gate Price System と呼ばれているのです。

差額関税制度では輸入価格によって関税率が変化

　言葉で説明しても分かりにくいので図で輸入例を示しました。輸入価格と関税の関係を図1の番号に沿って説明しましょう。

①キロ当たり100円の豚肉を輸入：関税は基準輸入価格546.53円との差

　546.53円 と100円 の 差 額 は、446.53円 で **関 税 率 は な ん と 446.53%！！！**

②キロ当たり300円の豚肉を輸入：関税は基準輸入価格546.53円との

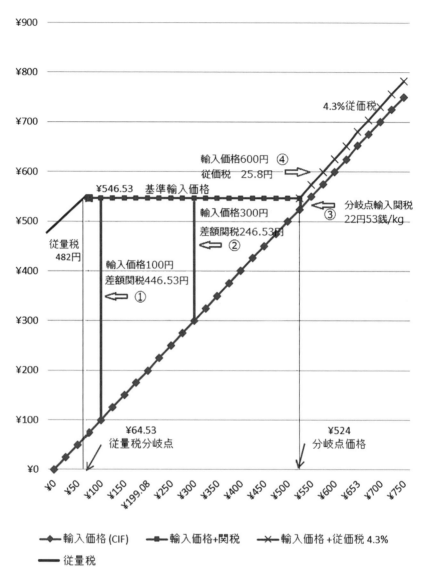

図1　差額関税制度（現行）と輸入価格ごとの関税率

　　差

　　546.53円と300円の差額は、246.53円で**関税率は82%**!!
③キロ当たり524円（分岐点価格）の豚肉を輸入：差額と従価税が同
　じ特異点　最低関税

　　546.53円と524円の差額関税は22.53円で**関税率は4.3%**
④キロ当たり600円の豚肉を輸入：関税は従価税4.3%

　　関税は25.8円で**関税率は4.3%**

　以上のように差額関税制度の下では輸入価格によって関税率が変化し
て、輸入価格が安ければ安いほど非常に高率の関税となっています。こ
のように輸入価格によって関税率が変化するという特徴を持っているの
が差額関税制度です。

豚肉を米ドルで輸入したら困った問題が発生するって本当？

　世界では石油、資源をはじめ穀物、水産物、畜産物などほとんどの貿
易は米ドルをベースに決済されています。なぜならば、米ドルは世界の
基軸通貨であり、世界中の多くの国々で国際間取引の決済に使われてい
るからです。特に米国の企業は円やユーロ、人民元などとの決済で生じ
る為替リスクを避ける傾向があります。そのためほとんどが米ドルベー
スで契約し決済に使用しているのです。しかし、日本の差額関税制度の
下では、豚肉をドルで輸入した場合には、為替レートが変化するたびに
円建ての輸入単価が変化するため、関税率の変化が予測不能になるので
困った問題が起こります。一例をあげてみましょう。

　キロ単価4ドルの豚肉バラ肉を輸入することを想定してみます。
Ａ）為替レート109円（2019年平均レート）の関税：基準輸入価格
　　546.53円との差

　　輸入単価は436円、546.53円との差額関税は110.53円（関税率

25.4％）
　Ｂ）為替レート80円（2011年平均レート）の関税：基準輸入価格
　　546.53円との差
　　輸入単価は320円、546.53円との差額関税は226.53円（関税率
　　70.8％）
　Ｃ）為替レート131円（1998年平均レート）の場合：関税は従価税
　　輸入単価は524円、関税は22.53円（関税率4.3％）

　同じ価値であるキロ４ドルの豚肉バラ肉を輸入した時に、輸入通関時の為替レートの違いによって関税率が4.3％〜70.8％に大きく変化するのです。為替レートの変動は手練れの為替トレーダーであっても予測不能であるため、世界の豚肉輸出国から米ドル建てで輸入する場合には、輸入商社は、予測不能で不透明な関税率が変化し予期せぬ損失が出ないように神様にお祈りするしか手立てはありません。

　もちろん日本の豚肉輸入商社と日本政府は、神様にお祈りするだけでは、子供が大好きなソーセージやハンバーグ、日本国中で食べられている豚骨ラーメンのチャーシューの価格が高くなってしまうことを避けるために条約にも法律にも基づかない特異な輸入方法を編み出しました。それが最終的に農水省からも税関からも合法的な？コンビネーション輸入（コンビ輸入）という半世紀前から続く節税輸入方法なのです。

　また、コンビ輸入によって日本政府は欧米からのWTO条約違反の追及からも逃れることができました。あの国際交渉ではシビアな欧米各国からの条約違反の追及から逃れられたのは不思議ではありませんか？私はコンビ輸入を編み出した理由は、むしろ欧米という恐ろしい交渉相手から逃れることが主で、国民はその次なのではないかと疑っています。なぜなら差額関税制度の最も大きな被害者は消費者、すなわち国民なのですから。このカラクリは次の章で述べます。

9 国のお墨付き裏技、コンビネーション輸入

　コンビ輸入とは、ひとことで述べますと、差額関税制度が創設された当初から全ての輸入豚肉で一般的に行われている差額関税回避輸入方法です。そして、法律にも条約にも規定が全くありませんが、国がお墨付きを与えている節税輸入の裏技なのです。

　TPP や日欧 EPA が交渉中だった過去に幾度となく私のセミナーで生産者や食肉関係者から質問されたことがありましたが、それは TPP11（CPTPP：包括的かつ先進的環太平洋経済連携）や日欧 EPA（日本 EU 経済連携）が、2019年には発効する可能性が高いですが、「その場合でもコンビ輸入は続くのでしょうか？」という内容でした。

　その答えについて結論を言いますと、協定発効後5年度までの間は、差額関税制度がある限り、安価な加工用原料豚肉は我が国の輸入豚肉の大部分がコンビ輸入されるはずですが、協定が発効して5年目以降になり、分岐点価格（524円）以下の豚肉の従量税が70円/kg 以下になれば、やっとコンビ輸入はほぼ無くなるものと筆者は予測しているのです（表1参照）。

　その理由は後述します。このコンビ輸入についてですが、過去においては、我が国の生産者団体は差額関税制度を形骸化させている張本人であるとして、豚枝肉から部分肉を切り分けた時の比率で輸入するフルセット輸入（略称：セット輸入）が正しい差額関税の運用であると政府に陳情していた時期もありました。我が国の差額関税制度は、もともとは制度設立時に枝肉ベースで基準輸入価格を設定したものでありましたので、生産者の主張したセット輸入が本来の差額関税輸入制度のあるべ

表1 豚肉の関税

年度		差額関税		実際の節税関税
		従量税	従価税	コンビ輸入関税
TPP・EPA域外		482円/kg	4.30%	22.53円/kg
初年度	2018	125円	2.20%	11.53円
2	2019	125円	1.90%	9.96円
3	2020	125円	1.70%	8.91円
4	2021	125円	1.40%	7.34円
5	2022	70円	1.20%	6.29円
6	2023	66円	0.90%	4.72円
7	2024	62円	0.70%	3.67円
8	2025	58円	0.40%	2.10円
9	2026	54円	0.20%	1.05円
10	2027	50円	無税	無税

注）従量税482円が125円になり大変な譲歩と実情を知らないマス
　　コミから言われておりますが、実際にはほとんどの豚肉が、分
　　岐点価格に従価税率を掛け合わせた低率のコンビ輸入関税で輸
　　入されています。

き姿なのです。

　最近のTPP11や日欧EPAに関連して、農水省の資料によると、コン
ビ輸入に関して次のように説明しています。"差額関税制度下では、安
い部位と高い部位と組み合わせるコンビネーション輸入が経済的に最も
有利。コンビネーションを組む中で安い部位も一定量は輸入されるが、
高い部位の需要を超えてコンビネーションを組んで輸入すると、高い部
位の在庫リスクが生じるため、結果として安い部位の輸入を抑制する
効果。"（更新日H29年11月11日農水省ホームページ　豚肉の差額関税
制度の最終結果〈訂正・補足〉より引用　www.maff.go.jp/j/kokusai/tpp/
attach/pdf/index-2.pdf）

　すなわち"ソーセージなど各種豚肉加工製品に使用される安い原料用
冷凍豚肉の輸入が、コンビ輸入によって抑制される"と説明しています
が、過去においてはコンビの相方であった高級部位の代表である冷凍ヒ
レ肉やロース肉の過剰輸入を助長し、輸入業者が国内市場に損切りで投

げ売りせざるを得なかったことによって、国産豚ヒレやロースの価格を引き下げたこともありました。輸入ヒレ・ロースのダンピングセールが起これば消費者はその時は喜ぶでしょうが、国内生産者は疲弊してしまいます。最近ではヒレ肉やロース肉などの高級部位だけでなく、国産銘柄豚とバッティングするイベリコのような欧州産銘柄豚肉がコンビの相方に選ばれるようになってきました。現状では高級銘柄豚肉も原料用冷凍豚肉も等しく低率のコンビ関税で、輸入量が急速に増加するという、国内生産者にとってみれば憂慮すべき状況なのです。

すなわち、コンビ輸入で差額関税を回避されている差額関税制度は、従来からの国内養豚生産者保護という観点から見て全く機能していないのです。むしろテーブルミートでは、日本の銘柄豚と競合するイベリコなどに低率関税としているため、国内で努力している生産者の足を引っ張り、ハム・ソーセージ向けの加工原料では、海外の食肉企業が不当な利益を得ているのです。このように、誰のためにもなっていない状況を差額関税制度は、生み出しているのです。

コンビ輸入の実態

差額関税制度は、昭和46年の制度導入当初から、国産の枝肉相場が暴騰（昭和48年）と暴落（昭和49年）を繰り返す事態を招き、制度自体の不備を露呈したのでしたが、枝肉ベースのフルセット輸入（一頭買い輸入）では不要な部位も一緒に輸入されるため、加工メーカーや消費者のニーズに応えられないと読んだ農水省が“コンビネーションによる輸入（コンビ輸入）”を早い段階から黙認していたのです。

コンビ輸入とは、“価格の高い部位と安い部位を組み合わせて関税額が最も小さくなる分岐点価格（524円）になるように輸入申告する方法”です。例えば冷凍豚肉20トンの輸入価格（CIF価格：海上保険・

運賃込み価格）について、"ヒレ"と"ウデ"をどのように組み合わせれば分岐点価格になるのかを計算し、まとめたのが表2の数式です。

20トンの豚肉を800円/kgの"ヒレ肉"9.96トンと250円/kgの"ウデ肉"10.04トンでのコンビを組めば、その平均単価がピッタリ524円になる。この一本単価524円で輸入申告すれば、分岐点価格（524円）と同じになるため最低関税のキロ当たり22.53円で輸入できます。

ところが、実際のところ豚肉の海外相場や為替は日々変動しているため豚肉各部位の相場は変動しているし、海外パッカーが間違って違う部位を出荷したり、数量が多かったり少なかったりなど、キッチリ計算どおりにいかないことが多々あるのです。ではそのような場合にどうするかと言うと、図1をご覧ください。

通常は、日本側バイヤーと輸入商社、海外パッカーの間で豚肉輸入契約の内容が話し合われて決定されます。契約が締結されれば現地トレーダー（食肉卸会社）がパッカー（食肉メーカー）から部分肉を仕入れてコンビの組み合わせを行います。このトレーダーはパッカーに対してドルで支払い、円に転換して輸出商社に請求します。本来であればこのようなトレーダーは不要なのですが、日本側が分岐点価格で輸入するためには必要です。もちろんコストがかかります。牛肉や鶏肉などの輸入の場合は、通常は米ドル建てで輸入することがほとんどですが、豚肉の場合には、ほとんど全てが円建て決済です。

なぜならば、通関時に為替レートが変わるとドル建ての場合には円換算の輸入価格が上下して分岐点価格（524円）での輸入ができないためなのです。従って、パッカーからドル建てで購入した豚肉を現地トレーダーは、実際の契約価格や為替などの変動に全く関係なく CIF 514円/kg で仕切ることになります。その後、取引の間に入る輸出商社は手数料

```
┌─────────────┐
│ 海外パッカー │ （豚肉部分肉生産、日本側バイヤーと交渉し購入価格を決定）
└─────────────┘
     ↓ドル決済
┌─────────────┐
│ 現地トレーダー │
└─────────────┘
```
（コンビ組み合わせを実行　契約内容がウデ 10 t 単価 240 円、ヒレ 10 t 単価 788 円であれば、多少の変動があっても強制的に 514 円 CIF で仕切る、　口銭はあらかじめ決めている。過剰利益・損失があればプールし後日関係者に請求・返済）
　　　　↓ 円決済
```
┌─────────┐
│ 輸出商社 │
└─────────┘
```
（輸出の窓口、輸出通関、決済などを行う。輸出口銭 kg 当たり 10 円を乗せて 524 円 CIF として船積書類作成）
　　　　↓ 円決済
（船積み）
　　　　↓
```
┌─────────┐
│ 輸入商社 │
└─────────┘
```
（コンビ関税 22 円 53 銭　輸入通関費用、運送料・保管料、口銭　合計 70 円程度を乗せてコンビで販売 600 円程度）
　　　↓
```
┌───────────┐
│ 卸売会社 A │
└───────────┘
```
（コンビをばらし、パーツで販売　例えば、ウデ 360 円、ヒレ 860 円
この例では、"ウデ"は 240 円の損失、"ヒレ"は 260 円の利益で平均 kg10 円の利益）
　　　↓
```
┌───────────┐
│ 卸売会社 B │
└───────────┘
```
（善意の第三者として部分肉単品購入・販売　例えば、ウデ 380 円、ヒレ 880 円）
　　　↓
```
┌───────────┐
│ 最終ユーザー │ （善意の第三者として輸入豚肉を購入）
└───────────┘
```

図1　豚肉コンビ輸入の流れの一例

10円を乗せて CIF 524円で輸入商社に請求することになります。

　なお、一本単価で豚肉の輸入仕入れをしている商社の輸入担当者は、建前上"部位別の個々の価格"は知らないことになっています。なぜならば税関の事後調査時に商社の輸入担当者が部位別の輸入価格を知っていることが発覚すると、現在・過去・未来にわたるすべての豚肉輸入に関して、各部位ごとに個別申告をするように税関から厳しく指導されることになるためです。輸入商社にとって事後調査でこの指導を受けることは、巨額の輸入関税を追徴されることを意味し、たとえ政府から節税輸入方法とお墨付きを得ているコンビ輸入においても豚肉輸入事業の非常に大きなリスクになっているのです。

　また、日本の生産者からの疑問として「カートンの中身を高いヒレやロースと偽装して、実際には安い加工原料用豚肉を詰めて持ってきているのではないか？」との質問を受けたことが何度かありますが、基本的にはそのような偽装はあり得ません。なぜならば輸入通関に必要な米国農務省（USDA）が発行する検疫証明には、正しい内容物の記載があり、それを偽装することは全く不可能なのです。従って、輸入書類のインボイス（送り状：請求書）やパッキングリスト（積荷明細書）にはヒレ・ロースやウデなどのカートンごとの重量や合計数量が正しく記載されております。そのため実際にカートンを開梱して見なくても、内容物はカートン表示どおりの部位であることが分かるのです。

　さて、コンビ関税と個別申告関税の差がどれほどのものになるか比べてみましょう。表２の"⑵分岐点輸入申告の場合の関税額"と"⑶個別に輸入申告した場合の関税額"を比べてみてください。税額はコンビ申告では45万600円（コンビ関税）のところ、これを個別申告すると331万8737円（個別関税）となり、個別申告の場合、１コンテナ（20トン）当たり差額である約286万8000円の関税を余計に支払わなければ

表2 コンビネーションの計算例

■コンビネーション計算式:
ヒレ重量={(分岐点価格-ウデ価格)×輸入数量}÷(ヒレ価格-ウデ価格)

(1)実際のコンビ組み合わせ計算例
・ウデ価格:250円
・ヒレ価格:800円
・輸入数量:20,000kg
(通常時)分岐点価格 524円(部分肉ベース)
・ヒレ重量: 9,964kg={(¥524-¥250)× 20,000kg}÷(¥800-¥250)
・ウデ重量:10,036kg=20,000kg-9,964kg
(SG発動時)分岐点価格 653円(部分肉ベース)
・ヒレ重量: 14,655kg={(¥653-¥250)× 20,000kg}÷(¥800-¥250)
・ウデ重量: 5,345kg=20,000kg-14,655kg

(2)分岐点輸入申告の場合の関税額
(通常時)
・20,000kg × 524円 × 4.3%=450,640円(従価税で計算)
・20,000kg ×(546.53円-524円)= **450,600円**(差額関税で計算)
(SG発動時)
・20,000kgs × 653円 × 4.3%=561,580円(従価税で計算)
・20,000kgs ×(681.08円-653円)=561,600円(差額関税で計算)
※分岐点価格で申告すれば、従価税と差額関税は同じ金額となり、支払う関税は最低となる。

(3)個別に輸入申告した場合の関税額
(通常時)
・ヒレ:9,964kg × 800円 × 4.3%=342,762円 (従価税部分)
・ウデ:10,036kg ×(546.53円-250円)=2,975,975円(差額関税部分)
・ヒレ+ウデ関税額合計 **3,318,737円**
(SG発動時)
・ヒレ:14,655kg × 800円 × 4.3%=504,116円 (従価税)
・ウデ: 5,345kg ×(681.08円-250円)=2,304,319円(差額関税)
・ヒレ+うで関税額合計 2,808,435円

(4)基準輸入価格と分岐点価格
(通常時)

	基準輸入価格	分岐点価格
・枝肉	409.90円	393円
・部分肉	546.53円	524円
(SG発動時)		
・枝肉	510.03円	489円
・部分肉	681.08円	653円

●輸入申告価格が分岐点価格を超えた場合、従価税(4.3%)
●輸入申告価格が分岐点価格未満の場合、差額関税(基準価格546.53円との差)
●輸入申告価格が分岐点価格の場合、従価税=差額関税(最低関税額)

なりません。これが、例えば年間1000コンテナを輸入している輸入商社であれば、もし税関の事後調査でコンビ関税を不許可とされた場合には、年間28億6800万円（本税）に加えて重加算税、延滞税の追加納付となります。また、通常であれば巨額な追徴税額の場合には刑事起訴される恐れがあるため、絶対に事後調査で税関の指摘を受けることがないように極力慎重に準備しておく必要があるのです。

差額関税の逋脱行為を税関から指摘される場合、一般的には、部位別価格を記入した通信記録やメモ、パッカーのオファーシートなどが輸入商社で見つかって部位別の価格を知っているとされるケースが多いのです。従って、海外との価格交渉などはすべて電話で行うなど、あとで証拠になるようなことは書面や通信記録、パソコンのデータに一切残さないというのが通例です。この点で、正直に記録を残していると大問題になり「正直者が損をする」ということになります。

とかくコンビ輸入がグレーなのは、個別の価格を知っていても知らないふりをしながら524円の一本価格で通関していることが至極不自然な状態であると考えられるためです。また、事後調査におけるコンビ輸入に関する追及も、平成24年の関税局長通達以降は更に厳しくなった上に、税関の担当官によって対応がまちまちであるとの話も聞いています。こうした対応のバラツキや認識の違いが生じるところにも、この法律にも条約にも基づかないコンビ輸入とその運用の不備が露呈していると言えるのです。

このようなことで、過去にはコンビ輸入が認定されずに後日、巨額の差額関税を支払わざるを得なかった大手商社もありました。実際に財務省が、平成25年11月11日付で「平成24事務年度（平成24年7月～25年6月）の輸入豚肉に事後調査による関税追徴額が過去最高の182億4千万円になった」とプレス発表を行い、未確認ながらもその内の

177億円は１社（社名未発表）が追徴された金額であるとのことでした。

　筆者は、これはほんの氷山の一角であろうと考えていますが、それでも我が国の豚肉関税の１年間の総額と言われる170億円を超える追徴が１社？のみ、それも単年度で発生したという事実は大変異常なことなのです。また通常は平成20年に42億円脱税したとされた大手商社や平成19年に大手ハムメーカーが豚肉購入先であった豚肉輸入業者（関税法違反）の第２次納税義務者として６億円の特別損失を計上した事例では、社名がプレス発表され新聞紙上をにぎわせましたが、それ以外にも問題のあった上場企業は金融商品取引法の規定により投資家に情報開示がなされていましたし、刑事事件になった例も数知れずありました。

　しかしながら、平成24年度の差額関税追徴事例では過去最大規模であったのに、刑事事件にもならず、社名も発表されず、投資家情報の開示もなく、証券取引等監視委員会が動いたという話も聞かず、マスコミでもほとんど話題にもならなかったのも全く不可解としか言いようがないのです。我が国の法の下の平等はどこに行ったのでしょうか？　ただし、これら情報開示のなかった企業も実際には、巨額の差額関税を納付したわけですから、差額関税制度の被害者であるとも言えるため、筆者としては、現在では特段追及する必要もないかと思うようになっています。

　さて、個別に輸入申告した場合の関税率は、"ヒレ"は4.3％であるのに対し"ウデ"は119％の関税率となりました。これを見ると、差額関税制度を以下のように説明している農水省の理念は、机上の空論になっています。

①輸入品の価格が低いときは、基準輸入価格に満たない部分を関税として徴収
②価格が高いときには、低率な従価税を適用

このとおりに全く機能しておらずに、事実上は以下のとおりになっているのです。

①<u>輸入価格が低い冷凍原料部位には、基準輸入価格に満たない部分を関税として徴収（差額関税）</u>　　　　"ウデ"関税率：100％〜
②<u>価格が高い部位や高級豚肉には、低率な従価税を適用することにより、関税負担を軽減（低率4.3％関税）</u>　　"ヒレ"関税率：4.3％

　次いで、図2 "過去10年間の豚肉輸入価格と為替レートの推移"をご覧ください。これは2008年1月から2017年12月までの輸入申告価格と為替レートの推移です。この10年の間に為替レートが大きく変動し、国内外の豚肉相場をはじめ、穀物、為替、船運賃など大きく変動しているのにもかかわらず、豚肉の輸入申告価格にはほとんど変動がないのがお分かりいただけると思います。

　円はグラフが上に行くほどドル高・円安、逆に下に行くほどドル安・円高になっています。2012年1月の円高時（1ドル76.19円）と2015年

図2　10年間の冷凍豚肉・冷凍牛肉の輸入価格と為替レートの推移

　5月の円安時（1ドル124.11円）では、円安時の為替レートで計算しますと、163％（1.63倍）のコストアップになっています。しかしながら、輸入価格は相変わらずほぼ524円で推移しています。これほど長期にわたって輸入価格が変動しないものは豚肉以外にはないのです。

　ちなみに同時期の輸入冷凍牛肉の価格推移もあわせて図2に示してみました。輸入牛肉のグラフと輸入豚肉のグラフを比べてみてください。すぐにお分かりのとおり、牛肉の輸入価格は現地の相場によって上下を繰り返すとともに円安の場合は輸入価格が上昇し、円高の場合には下降する傾向があるのが見て取れます。この価格の上がり下がりの動きが食肉に限らず一般的な輸入品全般の相場です。これを見ても昭和46年から半世紀にわたって分岐点価格に貼りついている豚肉の輸入価格の異常さをご理解いただけると思います。

HSコードの話

　HSコードと言ってピンとくる方は、相当の貿易通です。HSコードとは輸入統計番号といって、「商品の名称及び分類についての統一システム（Harmonized Commodity Description and Coding System）に関する国際条約（HS条約）」に基づいて決められたコード番号です。このコード番号は別名で関税番号や税番とも呼ばれており、輸出入の税関への申告などに使用され、このコード番号ごとに輸出入の金額、数量、相手先国名などが集計され貿易統計の基になっています。全ての品目の基本的な部分の番号は国際的に統一されています。

　ところで、輸入牛肉の場合はロイン、バラ、モモ・カタやその他のもの（挽肉用カウミートなど）とHSコードが部位ごとに分かれているため、輸入統計が分類ごとに発表されています。従って、部位の分類別に輸入数量も価格も貿易統計として財務省から発表されているのです。し

かしながら、豚肉の場合は HS コードが部位ごとに分かれておらず単純に豚肉1本になっているため、ロースがどれだけ輸入されているかウデが何トン輸入されているか統計には全く出てきません。

　この牛肉に見られるような HS コードの部位別の大分類化は輸入統計を見るうえでは大変有用であり、多くの輸入品では一般的でもあります。そのような普通の関税である従価税を適用している牛肉の輸入（関税率38.5％従価税）の流れは図3のとおりです。非常にスッキリしているのがお分かりいただけると思います。

　ところが、豚肉輸入については、HS コードが部分肉ごとに大分類化されていないということも特殊であり、この HS コードの不備によってコンビ輸入が成り立っているといっても過言ではないと思います。なお、豚肉の HS コードと TPP 発効以前の2017年次の輸入量・輸入金額・単価は表3のとおりです。

　ご覧のとおり、冷凍も冷蔵も従量税適用は輸入量がゼロ、品目では「その他のもの」（筆者注：部分肉のこと）の輸入量が合計で92万9千トン（99.69％）の輸入比率を占めている。この膨大な量の「その他のもの」（部分肉）にヒレもロースもウデもイベリコ豚も全ての部分肉（骨付き肉を除く）がブッコミになって一本単価のコンビ輸入がなされているのです。

　なお表の中で、一部枝肉がごく少量だけ高価格（1290〜1958円）で輸入されているが、輸入相手国がイタリア・米国（冷蔵）、スペイン（冷凍）などであるため高級銘柄豚の枝肉であろうと筆者は推測しています。差額関税制度のコンビ輸入（分岐点価格輸入）の運用によって、日本の豚肉需給が大きく歪んでいることをご理解いただけたのではないかと思います。部分肉で表3のとおり2017年の1年間だけで93万トン

```
┌─────────────────────────────────────────────────────────┐
│  海外パッカー　（牛肉部分肉生産、日本側バイヤーと交渉し購入価格を決定、 │
│ パッカーから直接日本の輸入商社・最終ユーザーへ輸出する場合もある）      │
│      ↓ドル決済                                            │
│  輸出商社                                                 │
│ (輸出の窓口、輸出通関、決済などを行う。船積書類作成)             │
│      ↓ドル決済                                            │
│ (船積み)                                                  │
│      ↓                                                    │
│  輸入商社                                                 │
│ (輸入費用、関税・消費税、口銭を乗せて販売)                     │
│      ↓                                                    │
│  卸売会社                                                 │
│ (小口に分けて卸売りをする。輸入商社が卸売りの機能を持ち直接最終ユーザー │
│ に販売する場合もある)                                       │
│      ↓                                                    │
│  最終ユーザー                                             │
└─────────────────────────────────────────────────────────┘
```

図3　牛肉輸入の流れの一例

表3　HS コード別　豚肉輸入量・金額　2017年次

HSコード	適用関税	品目	輸入量トン	輸入金額 千円	輸入単価 円	輸入量 比率 %
0203.11.020	従量税361円適用	冷蔵枝肉	0.00	¥0		0.00%
0203.11.030	差額関税適用		0.00	¥0		0.00%
0203.11.040	従価税4.3%適用		0.64	¥1,245	¥1,958	0.00%
0203.12.023	従量税482円適用	冷蔵カタ・モモ肉(骨付き)	0.00	¥0		0.00%
0203.12.021	差額関税適用		150.03	¥78,465	¥523	0.04%
0203.12.022	従価税4.3%適用		657.40	¥372,229	¥566	0.16%
0203.19.023	従量税482円適用	冷蔵その他のもの(部分肉)	0.00	¥0		0.00%
0203.19.021	差額関税適用		99,221.04	¥51,971,306	¥524	24.88%
0203.19.022	従価税4.3%適用		298,818.44	¥158,059,812	¥529	74.92%
0203.21.020	従量税361円適用	冷凍枝肉	0.00	¥0		0.00%
0203.21.030	差額関税適用		0.00	¥0		0.00%
0203.21.040	従価税4.3%適用		9.48	¥12,223	¥1,290	0.00%
0203.22.023	従量税482円適用	冷凍カタ・モモ肉(骨付き)	0.00	¥0		0.00%
0203.22.021	差額関税適用		345.33	¥179,815	¥521	0.06%
0203.22.022	従価税4.3%適用		1,693.12	¥920,148	¥543	0.32%
0203.29.023	従量税482円適用	冷凍その他のもの(部分肉)	0.00	¥0		0.00%
0203.29.021	差額関税適用		223,476.98	¥117,000,404	¥524	41.91%
0203.29.022	従価税4.3%適用		307,676.24	¥162,423,499	¥528	57.70%
分類		冷蔵	398,847.55	¥210,483,057	¥528	42.79%
		冷凍	533,201.14	¥280,536,089	¥526	57.21%
		枝肉	10.11	¥13,468	¥1,332	0.00%
		カタ・モモ肉(骨付き)	2,845.88	¥1,550,657	¥545	0.31%
		その他のもの(部分肉)	929,192.70	¥489,455,021	¥527	99.69%
		従量税適用 0~64.53円/kg(部分肉)	0.00	¥0	—	0.00%
		差額関税適用 64.53~524円/kg	323,193.38	¥169,229,990	¥524	34.68%
		従価税適用 524円/kg~	608,855.32	¥321,789,156	¥529	65.32%
		合　計	932,048.69	¥491,019,146	¥527	100.00%

出典：財務省貿易統計を筆者が作表

（10キロ箱で9千3百万ケース）という膨大な量の輸入豚肉のほとんど全てが分岐点価格に近い輸入価格になっている事実は、我が国の輸入豚肉市場は差額関税を回避したコンビ輸入によって成り立っていることを示しているのです。

　また、これだけ膨大な数量の事後調査を限られた税関職員で行うのは非常に大きな困難であったであろうとも筆者は考えます。もし政府が差額関税制度の厳格運用をしたいのであれば、事後調査の前に“実効性のある予防措置”としてHSコードの細分化が必要なのではないでしょうか。例えば、牛肉のようにロースやヒレ、カタ、バラ、モモ、その他のもの（切り落とし肉）のように細分化すれば、ロースと切り落としが同じ価格などという輸入申告はできなくなったはずなのです。なお、このHSコードの細分化は特段、海外との調整は不要であり我が国の裁量権の範囲内で講じることが可能なのです。しかしながら、今まで何ら有効な対策がとられてこなかったのは魔訶不思議なことです。

コラム	なんという理不尽！ 損害補償金が差額関税で徴収される!?

　貿易に限らず、クレームは売買が成立するところであれば至る所で発生します。品質劣化、異物混入、契約と異なる商品の間違い出荷、コンテナ冷凍機故障による解凍事故など、貿易上のクレームが発生することは、輸入豚肉に限らず多くの取引においては、それほどまれなことではありません。

　通常の取引においては、クレームが発生した場合、輸送途中の事故であれば、海上保険で保険求償になりますし、品質違いや間違い出荷など輸出者に問題があった場合は、輸出者から損害金を補償してもらうことになります。また、輸入商品の価値が下がったわけですので、その分の

輸入申告価格の修正申告を行い従価税の場合には納め過ぎた関税を戻してもらうことになります。

　これは、関税定率法第4条の5、定基4の5－1に減価した場合の課税価格の計算が規定されています。同条項を解説した"関税評価の基礎"によると「変質又は損傷がなかったものとして、〈中略〉計算された価格から、当該変質又は損傷による減価分を控除して課税価格を計算します。」とされています。

　しかしながら、差額関税制度下においては、損害金を控除し、商品の価値が下がったとして、関税定率法に沿って正しく輸入申告をした場合には、課税価格が分岐点価格を下回るため、補償金に対して差額関税が適用されることになり輸入者の損害全てが差額関税として徴収されるという著しい不合理・不正義が生じるのです。以下に例をあげて説明します。

クレーム発生の具体例

　物品を売買する場合には、どの企業も取引先と契約を結びます。輸入豚肉でも、もちろん売買契約は締結されます。ここでは節税輸入方法といわれ、一般的に行われているコンビネーションとして高級ヒレ肉と加工原料用ひき肉に使用するウデ肉を組み合わせて輸入した場合に、海損事故や商品の積み間違いクレームが発生したことを想定しています。

契約条件
　輸入冷凍豚肉10トン　輸入価格524円/kg　合計　5,240,000円
　［コンビネーションの内訳］
　800円/kg 高級豚ヒレ肉5,000kg
　248円/kg 豚ひき肉用ウデ肉5,000kg

クレーム内容

ケース１）

コンテナ冷凍機故障のため解凍事故　数量10トン　損害率50％

クレーム相手先：船会社　クレーム損害金額：262万円（海上保険金）

輸入商社は保険会社より損害金262万円を保険求償で無事に受け取りました。その場合に関税定率法によるとクレームによって課税価格の減額が必要となるため、当初の輸入価格524円の損害率50％で修正申告すると輸入価格は262円となります。ここで非常に理不尽なことが起こります。すなわち、商品劣化のために減額された輸入価格262円が分岐点価格524円より低いため、この豚肉には差額関税が適用となるのです。すなわち差額関税は、キロ当たり、

基準輸入価格546.53円－減額後課税価格262円＝284.53円（納付差額関税）

となります。

従って、輸入商社は284万5300円を差額関税として納付する義務があり、受け取った保険金262万円以上の差額関税を損害とは無関係な税関当局に関税として徴収されるという著しい不合理な状況が発生します。もちろん品質が劣化した豚肉の通関前の価値はキロ当たり262円のままですので、輸入商社は大損害を被ります。

ケース２）

輸出者のミスで800円のヒレ肉ではなく400円のモモ肉を5トン出荷

クレーム相手先：輸出者　クレーム損害金額：200万円（輸出者補償）

このケースでは、高級ヒレ肉（800円）が加工原料モモ肉（400円）になったクレームの損害金200万円（5トン分）が輸出者側から入金された場合、輸入商社は税関に対して冷凍豚肉10トンを1本単価の524円で申告しており、クレーム金を減額して324円/g［（524万円－200万円）÷10トン］で、修正申告しなければなりません。その場合

にも差額関税が適用され関税額はキロ当たり、

基準輸入価格546.53円－減額後課税価格324円＝222.53円（納付差額
関税）

となります。

従って、輸入商社は200万円の損害を被った上に、差額関税として
222.53万円を納付する義務があり、輸入商社の損失のクレーム補償金
以上の差額関税をクレームとは無関係な税関当局に徴収されることに
なります。

このような著しい不合理性によって差額関税制度は自由な取引を阻害
し続けているのであります。

（資料L　関税評価の基礎　平成26年6月版　名古屋税関業務部関税
評価官、関税定率法基本通達　昭和47年3月1日蔵関第101号）

　　Ⅷ　変質又は損傷に係る輸入貨物の課税価格の決定

　　　［定率法第4条の5、定基4の5－1］

　　　　輸入貨物に係る取引の状況その他の事情からみて、輸入申告等の
　　　時までに輸入貨物に変質又は損傷があったと認められる場合には、
　　　その輸入貨物について、変質又は損傷がなかったものとして、前記
　　　ⅡからⅦまでに説明した方法により計算された価格から、当該変質
　　　又は損傷による減価分を控除して課税価格を計算します。

TPP発効以降に出てきた単品輸入で税関は困ったことに
なった？

　先に「一本単価で豚肉の輸入仕入れをしている商社の輸入担当者は、
建前上"部位別の個々の価格"は知らないことになっています」と述べ
ましたが、TPP以降になって部位別の価格が分かるようになってきまし
た。少しおさらいをしてみましょう。なぜ部位別の単価が分かるとコン
ビネーション輸入でまずいことが起こるのでしょう。「なぜならば税関

の事後調査時に商社の輸入担当者が部位別の輸入価格を知っていることが発覚すると、現在・過去・未来にわたるすべての豚肉輸入に関して、各部位ごとに個別申告をするように税関から厳しく指導されることになる」からです。

　ところが、TPP・日欧 EPA や日米貿易協定発効になって、あからさまに部位別の単価、それも切り落としなど安い加工原料用豚肉の輸入単価が白日の下に晒されるようになりました。なぜならば、農水省が想定

表4　豚肉の従量税125円/kg での単品輸入量（上段　単位：トン）と輸入単価（下段　単位：円）

2019年

	1月	2月	3月	4月	5月	6月	7月	8月	9月	10月	11月	12月
デンマーク			25 315	25 315	25 315	25 315	25 315					
オランダ			16 221	71 222	127 233	102 234	113 235	90 233	48 241			
ドイツ					24 300							
スペイン				24 372		26 360						
オーストリア							3 308					
メキシコ		154 262	22 266	259 266	107 270	126 257	237 255	154 264	67 276			44 264
カナダ （チルド）	24 279	120 257	316 279	144 282	241 304	157 263	121 298	73 298 2 373	262 309	34 283	240 303	192 307
米国 （チルド）												
合計	24	275	378	523	524	435	501	316	376	34	240	237

2020年

	1月	2月	3月	4月	5月	合計
デンマーク						123
オランダ						565
ドイツ		15 250	15 250			54
スペイン						51
オーストリア			24 300			27
メキシコ	2 388		5 341	4 339	5 315	1,184
カナダ （チルド）	191 312	24 371	72 265	168 314	170 341	2,550
米国 （チルド）	24 331	94 346	235 332	442 324	618 319 148 302	1,560
合計	216	133	350	614	940	6,114

出典：財務省貿易統計をグラフ化

していなかった125円/kgの従量税で単品輸入をするところが現れたからです。

　輸入単価の価格帯は221円から388円で、TPPのカナダ、メキシコは2019年1月、2月からの輸入、EUはEPA発効後の3月から、米国は貿易協定発効後の2020年1月から輸入量は少ないとはいえ単品輸入が始まっています。関税は低いが不要な高価格部位を抱き合わせにしなければならないという不自由なコンビネーション輸入では無く、多少関税は高くても欲しい部位を輸入する従量税単品輸入を選ぶ輸入企業が出てきたということです。すなわち、これまで差額関税制度によって商品選択の自由が阻害されていたということになります。このようなことは、豚肉輸入にしかない問題です。

　また、もう一つ税関にとって、困った？問題が出てきました。それは、単品輸入によって本来の加工原料用豚肉の価格が明らかになったことです。同じ豚肉を同じ時期に輸入して、コンビネーション輸入で輸入申告した場合には、524円の申告価格、従量税125円を支払うことにして単品輸入の申告をした場合には524円の一本単価では無く、221円から388円のバラバラな輸入価格になっています。税関としては、真の輸入単価が分かった時点で、輸入商社に対し正しい輸入価格の申告を指導すべきではないかということになるわけですが、そのようになったという話は聞いたことがありません。

　もっとも政府自らが別の章で述べている質問主意書に対する答弁書で、「差額関税制度がWTO協定違反の最低輸入価格ではない」として、こねた理屈が「コンビネーション輸入で基準輸入価格より低い価格での輸入がなされているから最低輸入価格とは言えない」と述べていますので、税関が事後調査で真の単価が安いことを把握したところで、以前のように安い価格であることを理由に高率な差額関税を徴収することはで

きなくなったのかもしれません。調査で指摘したところで、以前とは異なり「政府は閣議決定を受けた答弁書で、コンビネーション輸入で"安価な豚肉"を輸入できることを認めた」と抗弁された場合には、行政指導できなくなっているはずです。

　すなわち、長年の慣習となっていたコンビネーション輸入のルールである「豚肉の真の単価は誰も知らない、知っているのは524円で輸入申告することだけ」ということが破綻してしまっているわけです。政府は、過去に事後調査によって、過大に徴収した差額関税を還付すべきです。

10　関税の種類とWTO条約違反の非関税障壁

　ここでは農産物における関税とは何か、またWTO農業協定に違反するとされる非関税障壁とは何かについて解説しましょう。

関税と非関税障壁

　関税とは商品を輸入するときに税関が徴収する税金です。WTO協定が1995年1月に成立しましたが、それ以前には国家貿易や輸入数量制限、輸入割当制度、最低輸入価格制度、可変輸入課徴金など関税ではない輸入障壁、すなわち非関税障壁が横行して自由貿易を阻害していました。当時、特に非関税障壁が多く問題になったのが農産物貿易で、特に大きな問題となったのが、欧州が農産物に課していた差額関税、すなわち可変輸入課徴金（Variable Import Levy）です。

　そのため、WTO設立時には全ての加盟国は非関税障壁を通常の関税に転換することが求められ、条約として締結されたのがWTO農業協定です。この農業協定においては、農産物の貿易は一部の例外以外は全て関税化することが明文化されました。

　従って、可変輸入課徴金を農産物の輸入に課していた欧州はこの非関税障壁を撤廃し、通常の関税に転換したのです。WTOに加盟している以上、日本も同様に豚肉も含めて全ての農産物は通常の関税にしなければならなくなったため、豚肉の差額関税は対外的には撤廃されたことになっています。

通常の関税の形態

イ. 従価税

　日本で最も一般的な関税の形態は従価税です。輸入品の価格に対して**一定の比率**で課税する関税です。関税率はパーセントで表され、価格が高いものほど、関税額は大きくなります（図１）。

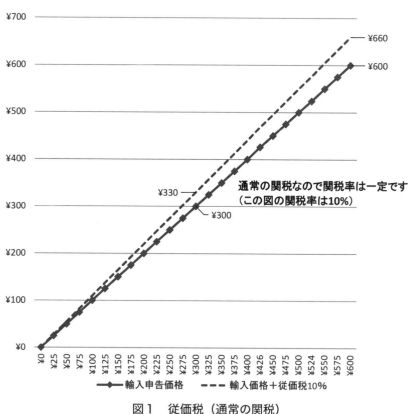

図1　従価税（通常の関税）

ロ．従量税

従量税は従価税の次に一般的な関税の形態で、輸入品の従量、容積、個数などの数量に対して<u>一定の関税を課するもの</u>で、関税率は、一般的にキログラム当たり○円やリットル当たり○円として表されます。この関税では、価格が高いものも安いものも同じ関税額になります。

日本の農水省は、差額関税は従量税であると説明していますが、皆さんは図2のグラフ（従量税）と図3の差額関税のグラフが同じに見えますか？　差額関税では価格が高いものと安いものの関税率が変化しており一定では無いため、誰が見ても従量税だとは見えないはずです。

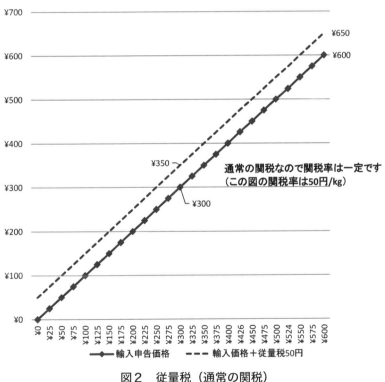

図2　従量税（通常の関税）

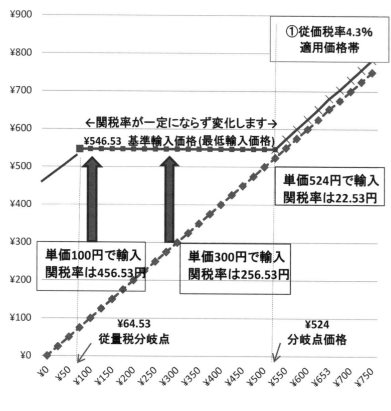

図3　豚肉の差額関税（現行）

ハ. 混合税

　従価税と従量税を組み合わせたものが混合税です。これも通常の関税ですが、適用される品目は少なく一般的な関税ではありません。

ニ. WTOで禁止された非関税障壁とは

　WTO農業に関する協定第４条２で、「加盟国は、次条及び附属書五に別段の定めがある場合を除くほか、**通常の関税に転換することが要求**

された措置その他これに類するいかなる措置（注）も維持し、とり又は再びとってはならない。」（出典：外務省ホームページ）と規定しています。すなわち、非関税障壁は全て通常の関税に転換することを加盟国の義務と明白に規定しているわけです。この関税化義務はWTO協定発効日から適用され、他加盟国からの指摘を受けていない措置でも維持できないとされており、農業協定第4条2で非関税障壁については（注）として輸入数量制限、可変輸入課徴金、最低輸入価格、裁量的輸入許可、国家貿易企業を通じて維持される非関税措置、輸出自主規制その他これらに類する通常の関税以外の国境措置と規定されています。これらの措置は、全て通常の関税と異なり、農産物輸入の数量制限および価格歪曲の目的があり、国内市場への国際価格動向の伝達を妨げています。すなわち、この条約の条文で明示された非関税障壁6種類とそれらに類似したものは全て通常の関税に加盟国は転換しなければならなかったわけです。

右の図4は、WTO条約（農業協定）発効以前の日本の「豚肉差額関税制度」で

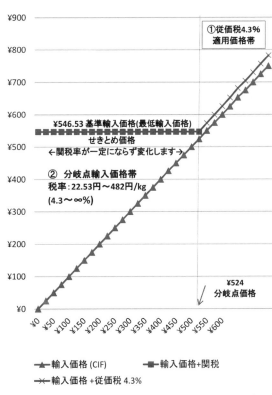

図4　豚肉の差額関税（UR以前　現行の数値使用）

す。この制度は、農業協定で明示された非関税障壁（可変輸入課徴金・最低輸入価格）にあたるとして廃止された「差額関税制度」です。図5は現行の差額関税制度です。キロ0円から64円53銭までのところが従量税482円であることが図4と異なるところです。

　この従量税があることをもって農水省は従量税だと主張しています。しかしながら、普通の豚肉であれば、キロ65円つまり100グラム6.5円の豚肉など世界中どこを探しても見つからないはずです。

　現行の差額関税は従量税というよりもWTO農業協定に違反するために廃止されたウルグアイ・ラウンド（UR）以前の旧差額関税制度とピッタリ重なると思いませんか？　誰が見ても現行の差額関税制度は、日本の外務省が翻訳したWTO農業協定第4条2の「**通常の関税に転換することが要求された措置その他これに類するいかなる措置（注）も維持し、とり又は再びとってはならない。**」とされた旧差額関税に類似した措置だと見える

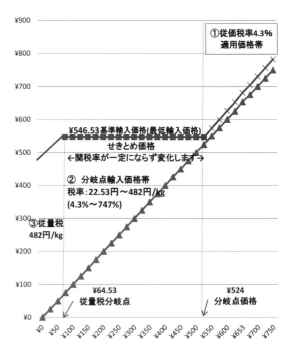

図5　豚肉の差額関税制度（現行・通常時）

のです。

可変輸入課徴金と最低輸入価格

　可変輸入課徴金とは輸入国が設定した基準価格と輸入価格の差を徴収する制度で、関税率が輸入価格によって変化し（可変的）一定にはならない輸入制度です。

　最低輸入価格とは、文字どおり輸入国が設定した基準輸入価格より下回って輸入品が国内に流入しないように輸入価格と基準輸入価格の差を徴収する制度で、これも非関税障壁として農業協定で禁止されました。これらの非関税障壁は、国内市場への国際価格変動を伝達することを阻んでいることは過去の輸入価格が一定であることを見れば明らかです。

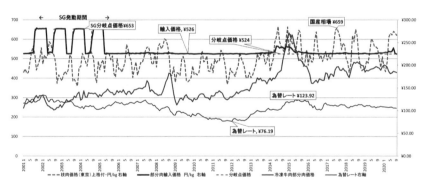

図６　豚肉　国産相場　輸入価格、分岐点価格、為替レートの推移

出典　国産相場：ALIC、輸入価格：財務省貿易統計、為替レートは各月の終値

　またWTOの上級委員会は、可変課徴金と最低輸入価格制度の定義について以下のような判断基準を設けています。

▪ **価格帯および参照価格が透明性・予見可能性を欠くこと**
　図６に示すように、2001年から2005年にかけて8月から年度末ま

で分岐点価格が突如524円から653円に動いています。これは関税緊急措置（SG）といって四半期ごとの輸入量が一定水準を超えた場合に発動される予測不能な措置です。例えば財務省の貿易統計が発表されるのが四半期の翌月末、つまり第一四半期（4〜6月）であれば貿易統計は7月末に発表され、輸入数量が基準値を超えた場合には8月1日より関税緊急措置の発動となります。貿易統計は誰もが予測できず、また発動となった時には既に豚肉が入ったコンテナは洋上を航行中で予見不能な巨額の関税が輸入商社に課せられたのです。そしてそれは、輸入コストに反映されて、最終的には消費者が負担したということになったわけです。

- **通常の関税と異なる方法で国際価格の国内市場への伝達を阻害すること**

　国産豚肉価格も冷凍牛肉輸入価格も、そして為替レートも変動していますが、豚肉の輸入価格はほとんど分岐点価格に貼り付いています。これぞ、まさしく通常の関税と異なる差額関税によって国際価格の国内市場への伝達が阻害されている証拠です。

　このようなことから、日本の差額関税制度は完全にWTO農業協定という条約に反している制度なのです。

　2020年3月2日に上記を裏付けるような興味深い論考が日本評論社のWEB（https://www.web-nippyo.jp/17294/）に掲載されました。いままで差額関税の脱税で摘発されたり、告訴されたりしたことが、「条約違反の法律（関税暫定措置法）によって裁かれたのではないか」と、国際経済法の専門家によって疑義が表明されたのです。

　その論考の題名は、"（多分）国際法違反の法律なのに、違反したらなんで有罪？"であり、この作者は過去に経済産業省通商政策局通商機構

部参事官補佐、経済産業研究所研究員、経済産業研究所ファカルティ・フェローを歴任された川瀬剛志上智大学法学部教授です。財務省OBの故志賀櫻氏、外務省OBの緒方林太郎氏に加え経産省OBの川瀬剛志氏など、通商政策に関係した錚々たる官僚OBが差額関税制度の本質を十分に理解し疑問を呈しているのです。

　国際法違反の法律であれば、それは条約の順守を規定した日本国憲法98条に違反している法律です。そのため、差額関税制度を規定した関税暫定措置法は憲法違反の法律ということになるのです。

（参考文献）
3.2.1　農業協定4条2項の解釈
【WTOパネル・上級委員会報告書解説⑰】ペルー ─ 農産物輸入に対する追加課徴金（DS457）─ 可変関税制度およびWTO協定と地域貿易協定の関係に対する示唆 ─
川瀬剛志　経済産業研究所

　3.2　パネルの判断（11P）
　3.2.1　農業協定4条2項の解釈
　　関税化義務はWTO協定発効日から適用され、**他加盟国からの指摘を受けていない措置でも維持できない。** 4条2項注は6種類の国境措置およびこれらに類する通常の関税以外の国境措置を含むその他の措置を挙げるが、**これらは例示である。これらの措置は全て通常の関税と異なる態様での農産物輸入の数量制限および価格歪曲の目的があり、国内市場への国際価格動向の伝達を妨げる。**

　2.2　我が国豚肉差額関税への示唆
　2.2.4　最低輸入価格（41P）
　　最低輸入価格とはある産品が国内市場に参入できる最低の価格を

指すのであるから、我が国豚肉差額関税もこれに該当する。特に PBS（Price Band System）の下では、ごく例外的ではあるが最低価格を下回る輸入が認められたが[39]、豚肉差額関税制度の下では例外なく課税後輸入価格は基準輸入価格になるので、最低輸入価格たる性質はいっそう「明らか」とされる[40]。

〜中略〜

　同上級委員会は、PBSの最低価格がチリの国内価格を超える傾向にある点を強調したパネルの判断に同意しつつも、価格帯および参照価格が透明性・予見可能性を欠き、通常の関税と異なる方法で国際価格の国内市場への伝達を阻害する点をより重視し、当該措置を最低輸入価格類似と判断した[41]。また、同履行確認上級委員会も、改正PBS（Price Band System）が改正前のPBSと同様の性質を有することを指摘し、同様に最低輸入価格に類する措置と判断している[42]。これら先例で検討されている要素を豚肉差額関税に当てはめると、基準輸入価格を下回る輸入はあり得ないことは先に述べた。また、この基準輸入額は豚肉価格としては相当高額の部類に入ることから[43]、国内価格との関係では、十分な国産品保護の効果を持つものと理解できる。

　（42P）更に、豚肉差額関税が国際価格の国内市場への伝播を妨げている点については、本章2.2.2に述べた。これは当該制度の逆進性ゆえであり、この逆進的課税は、輸入産品の価格にかかわらず従量税なら一定額、従価税なら一定不変となる通常の関税と異なる。一方、図3に示したように、豚肉差額関税は譲許税率の自主的引き下げになっているため、本来よりも関税による豚肉の輸入阻害は軽減されている[44]。しかし、チリ・農産物価格帯事件上級委員会は、譲許税率を課税の上限としても農業協定4条2項注該当措置を取り得ないことを明確にしており、豚肉差額関税制度が最低輸入価格に類する措置であるならば、この点も有効な抗弁とはならない[45]。加えて本件パネルも、実際の課税が譲許税率を上回らないことを認識

しつつも（P: 7.317 h）、上記のような通常の関税とは異なる特異な課税方式の有する貿易歪曲性にのみ着目し、この点には触れていない。

〜中略〜

　チリ・農産物価格帯事件上級委員会がPRSの可変輸入課徴金および最低輸入価格に類する措置を区別せずに議論したことに留意すべきである。透明性・予見可能性は前述のように可変輸入課徴金の付加的特徴であって（AB: 5.41）、最低輸入価格のそれではない。よって、同事件上級委員会の説示は、必ずしも特に最低輸入価格にも透明性・予見可能性の欠如を要求したものとは言えない。実際、二つの類型に類する措置をそれぞれ分けて判断した同事件履行確認上級委員会は、最低輸入価格に関する議論において、透明性・予見可能性の欠如を検討していない[46]。このことから、透明性・予見可能性が備わっていることの一事のみをもって、我が国豚肉差額関税が最低輸入価格に該当しないとは言えない。本件上級委員会も先例を受けて説示するように、最低輸入価格に類する措置とは、最低輸入価格と同一でなくとも、十分に多くの特性を共有し、制度設計、構造、運用および影響において類似していることが要件であり（AB: 5.144）、我が国豚肉差額関税は上述のようにこの条件を充足するものである。

2.3　本件判断の政策的示唆
（42P）

　本件並びに先例、そして上記の議論から、PRS・PBSのような国際価格連動の価格帯制度や、**我が国豚肉差額関税のような輸入価格連動の従量税制度に代表される可変関税制度、税率のいかんにかかわらず農業協定4条2項に反する**。ただ、このことは必ずしも政策的に妥当な帰結に至るものではなく、また、こうした制度の撤廃につながるものではない。本章1．に述べた通り、価格帯制度は政治

的なパレード最適である。特に PRS も PBS もそれぞれ課税の譲許税率を上限としており、我が国豚肉差額関税も譲許税額を下回る額に基準輸入価格を設定しているので、輸出国としては少なくとも関税負担と価格競争力の点で実質的な不利益はない。にもかかわらずその WTO 協定整合性を問うとすれば、輸入国としては、協定整合的な制度運用として譲許税率どおりに関税を引き上げるか、そこまで至らずとも、農産物価格暴落によるリスク回避を求める生産者の圧力を回避できるより高いレベルの実行税率で固定しなければならなくなる[47]。

（45P）

　むろん、基準輸入価格の妥当性、いわゆる「裏ポーク」問題、ならびに一般化したコンビネーション輸入の不合理[54]など、当該制度に付随する問題点については別途検討を要することは言うまでもない。しかしながら、差額関税の形態を取り、逆進性を有している点のみを捉えてその政策的不合理を議論することは、一面的に過ぎるおそれがあることに留意する必要がある。なお、我が国の豚肉差額関税については、譲許税率が軽減され、加えて価格交渉上輸出者に有利となる制度の特性ゆえに、これまで WTO 紛争に発展することはなかった[55]。

チリの農産物に対する価格拘束制度及びセーフガード措置
（パネル報告 WT/DS207/R 提出日：2002 年 5 月 3 日，上級委員会報告
WT/DS207/AB/R 提出日：2002 年 9 月 23 日，採択日：2002 年 10 月 23 日）
中川淳司

　（175P）

　▪ PBS は可変輸入課徴金あるいは最低輸入価格に当たるか。

　　可変輸入課徴金、最低輸入価格の意味は文言や文脈の解釈では明らかにならない。そこで、ウィーン条約法条約32条に従い、解釈の補足的手段として、これらの措置に関する GATT 時代のさま

ざまな文書（締約国の通報、GATT機関による検討報告など）を参照する（7.35）。それによると、**可変輸入課徴金は、下限価格 (lowest threshold price) を設定して、世界市場における最低価格がそれを下回った場合に差額分を賦課し、国内産業の保護と国内価格の安定化を達成する制度である。最低輸入価格は、輸入価格が輸入国の設定した最低輸入価格を下回る場合に差額分を賦課する制度である (7.36)。**PBSはこれら二つの制度の特徴の多くを備えている（7.40）。それはチリの**国内市場を世界市場の価格から隔離する効果を持つ (7.41)。参考価格や下限価格の算定過程は透明性と予測可能性を欠いている**（7.44）。よって、それは純粋な可変輸入課徴金と最低輸入価格ではないとしても、それら「に類する (similar to)」国境措置である（7.47）。

11 WTO以前のEUと米国が貿易戦争　EU差額関税（可変課徴金）

EU（欧州連合）の前身であるEC（欧州共同体）時代の1968年、ECは共通農業政策で次のような農業保護政策を施行しました。

- 農産物のEC域内の市場価格が「安定基準価格」より下がれば買い支える（調整保管）
- EC産農産物が輸入品より不利にならないように、輸入農産物価格が域内価格より安い場合には差額関税を徴収する（可変輸入課徴金）
- EC域内で過剰となり在庫となった農産物は、輸出補助金をつけて域外で処分する

この農業保護政策は、輸出補助金以外は日本の畜産物の価格安定に関する法律（畜安法）に似ています。このECの農業保護政策が実施されて以降、米国は欧州向け農産物の輸出量が激減してしまいました。また、EC域内で過剰となった農産物が、輸出補助金を利用して、安値でダンピング輸出されたため、農産物の輸出市場を奪われた米国はさらに激怒しました。そのためガット・ウルグアイ・ラウンド（UR）農業交渉は、米国がECに対して不公正な差額関税の徴収（可変輸入課徴金）と輸出補助金をやめさせるための米欧農産物貿易戦争でもありました。

結果としてWTO加盟国は全て貿易歪曲的な可変輸入課徴金のような非関税障壁を撤廃することになったのです。農業はどの国においても重要ですが、それを不公正な非関税障壁ではなく、公正で公平な通常の関税で農業保護を行おうというのがWTO設立の理念であり、国際的な約

束となったのです。

差額関税制度撤廃のチャンスは何度もあった

　繰り返しますが、なぜ差額関税制度が唯一日本の豚肉にのみ適用されているかというと、この制度はWTOで禁止されている可変課徴金または最低輸入価格制度と呼ばれる非関税障壁にあたる制度であり、日本政府はWTO加盟各国や国内の畜産関係者を巧妙にごまかして長期間維持してきたという経緯があったのです。また、市場価格の変動が遮断され、分岐点価格すなわち一定価格での輸入が続いていること自体が、非関税障壁として機能する差額関税制度の大きな問題点なのですが、この点については後ほど詳述します。

　もちろん、この差額関税制度には何度か廃止される機会がありました。

　最初の廃止の機会は、ウルグアイ・ラウンド締結時だったのです。先述したとおり、当時のECの農産物差額関税（可変輸入課徴金）は米国から貿易歪曲的な非関税障壁だと強い圧力を受け、最終的にはECはウルグアイ・ラウンド合意に基づいて可変課徴金を廃止し、全て通常の関税（主として従価税）に移行したのでした。この時に我が国でも差額関税制度を国際条約に基づいて廃止していればよかったのです。

　次に訪れたのは2004年に妥結した日本メキシコEPA交渉の時です。この交渉では、非関税障壁の撤廃を迫るメキシコ側に日本の交渉担当官が「差額関税があれば、メキシコは日本に高値で豚肉を売れるから良いではないか」と日本の消費者が聞いたらまさに国益無視の話をしたとのことを複数の官僚OBから聞いたことがあります。本当にそのような交渉官がいたのかどうか分かりませんが、結果的には差額関税制度は日本メキシコEPAでも維持されてしまったわけです。

日本の豚肉の輸入価格は何故一定なのでしょう

　図1を見てください。これは2010年から2020年までの豚肉輸入価格と比較のための牛肉輸入価格の推移です。豚肉の輸入価格は見事に分岐点価格524円付近に貼りついています。これは何もこの10年間だけの異常現象ではありません。

図1　10年間の冷凍豚肉・冷凍牛肉の輸入価格と為替レートの推移

出典：独立行政法人農畜産業振興機構、国内統計資料をグラフ化（為替レートは各月の終値）

注）冷凍豚肉の輸入価格は、半世紀にわたって分岐点価格（現行524円）に貼り付いている。冷凍牛肉の輸入価格が大きく変動していることと豚肉輸入価格より安価であることに注意

　この差額関税制度の下で、豚肉輸入自由化の1971年から約半世紀にわたって、分岐点価格に貼り付かせる形での輸入が続いているのです。世の中に半世紀にもわたって一定の価格の商品など、どこにあるのでしょうか？　牛肉の価格を見てください。輸入価格は上がったり下がったりしています。これが、通常の市場経済での価格の推移です。もちろん豚肉の国際価格も為替レートも大きく変動しているのですが、市場経

済の原則に反して日本の豚肉の輸入価格はほとんど一定なのです。これ
は誰が見ても異常だと思いませんか？

　もしかすると日本向けに輸出される豚肉は特別な高級部位なので牛肉
価格よりも高く、値段も一定なのだと言われる方もいるかもしれませ
ん。表1は豚肉輸出主要国の2018年の日本向けの豚肉輸出価格と日本

表1　2018年冷凍豚肉輸出国価格と日本の輸入価格

	日本向け輸出価格		日本の輸入価格	
米国	US$3.35	¥369.6	US$4.76	¥525.1
カナダ	US$3.26	¥359.6	US$4.76	¥525.1
メキシコ	US$4.33	¥477.7	US$4.77	¥526.2
スペイン	US$4.24	¥467.7	US$4.78	¥527.3
デンマーク	US$4.65	¥513.0	US$4.75	¥524.0

出典：Global Trade Atlas

の輸入価格を比べてみたものです。

　表1のとおり、日本の輸入価格は分岐点価格に貼り付き、世界の日本
向け豚肉の価格はまちまちです。米国やカナダはソーセージ原料の切り
落とし肉が多いので価格は安く、メキシコ、スペイン、デンマークはひ
と手間加えてスジ切りにしたり、脂肪をカットしたりして輸出価格を上
げているのですが、それでも分岐点価格まで上げきれずにいたという状
況でした。しかしながら日本で通関申告するときにはちゃんと分岐点価
格になっています。輸出単価はいわば膨大な豚肉でコンビネーションを
組んだのと同じと考えられます。この全てが分岐点価格以下となってい
るということは、コンビネーション輸入を行っている輸入企業の全てが
分岐点価格に達しない単価の豚肉を分岐点価格で輸入を行っているとい
うことに他なりません。このように異常なことが起こるのが非関税障壁
の特徴と言えるとも考えられます。

12 「WTO協定に違反する差額関税制度」

　分岐点価格制度（Gate Price System）とは、1971年の豚肉自由化の時に導入された制度で農水省によって"差額関税制度"と名付けられた制度です。輸入価格と政策的に決定された基準価格との差額を税額として徴収する制度で、WTO（世界貿易機関）加盟国では、唯一日本の豚肉の輸入のみに適用されています。

　なぜ、差額関税制度が唯一日本の豚肉にのみ適用されているかというと、この制度は明らかにWTOで禁止されている条約に違反している制度だからです。しかしながら、日本政府の巧妙なコンビ輸入の運用によって欧米各国に利益を与えてWTOへの提訴を封印させているのです。具体的には豚肉の輸入価格によって次のような仕組みで輸入税と差額（可変課徴金）を徴収しています。

①従価税率4.3%適用価格帯：豚肉の輸入価格が分岐点価格（524円/kg）以上の価格帯です。
　従価税率：4.3%従価税の場合、輸入金額に対して一定の税率となります。
　例えば524円/kgの豚肉の場合、関税は22.53円/kg、1000円/kgの豚肉では、43円/kgになり輸入価格に対する税率は4.3%で一定になりますので、この①の価格帯には通常の関税が課されています。

②可変課徴金価格帯（最低輸入価格帯）：輸入価格が64.53円〜524円/kgの価格帯です。
　税額：基準輸入価格546.53円/kg−輸入価格/kgの式で表されます（基準輸入価格と輸入価格の差になります）。

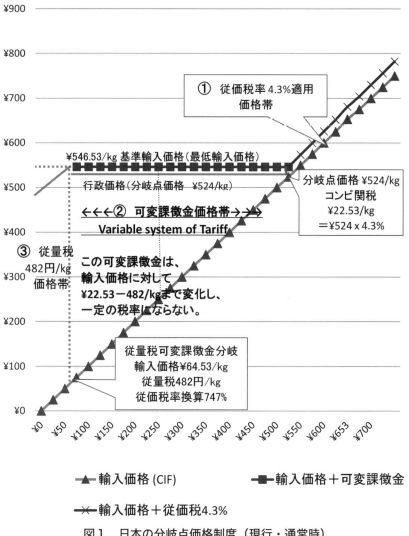

図1　日本の分岐点価格制度（現行・通常時）
課徴金の税率は22円53銭から482円/kg まで変化

例えば、豚肉の輸入価格が以下のように変化すれば税額も税率も変化（Variable）します。

　　250円/kg の場合、税額は296.53円/kg　　　税率は118.6％
　　400円/kg の場合、税額は146.53円/kg　　　税率は36.6％
　　524円/kg の場合、税額は22.53円/kg　　　　税率は4.3％

輸入価格と基準価格との差額を徴収することによって税率が変化し、一定にならない輸入制度は、国際的に WTO の禁止する可変課徴金（Variable Levy）または最低輸入価格（Minimum Import Price）と定義されています。このことは USTR（米国通商代表部）の「2019貿易障壁年次報告書」にも述べられています。

　日本の差額関税制度は、通常時の基準輸入価格がキロ当たり546.53円に決められているものの、輸入価格によって関税率が一定に定まらず変動するのです。加えて、輸入数量が四半期ごとの3年間の平均輸入量の119％に達した場合には、関税暫定措置法による"関税の緊急措置"によって、基準輸入価格が681.08円に自動的に変動するのです。この関税の緊急措置が発動されるかどうかは、全く予測不可能で不透明です。

いわゆるセーフガード（SG：関税の緊急措置）について

　なお、この関税の緊急措置は"セーフガード（SG）"と呼ばれていますが、これは WTO 合意のセーフガード（SG）ではありません。非常にヤヤコシイことに、農水省はマスコミや畜産業界の関係者向けにはこの緊急措置をセーフガードと呼んでいますが、正式な公文書などでは"関税の緊急措置（関税暫定措置法第7条の6）"と呼んでいます。

　また、差額関税制度は関税率が定まらずに変化するため、非関税障壁であって、本来は関税とは言えない制度なのです。すなわち差額の"課徴金"を徴収する仕組みである分岐点価格輸入制度（Gate Price Import System）または輸入価格固定制度（Fixed Import Price System）と呼ぶべ

きであったのですが、差額関税制度とあたかも関税のように呼んでいるのです。海外では差額関税制度のことを Gate Price System（分岐点価格制度）と表記しているのは、この制度が通常の関税であると認めているわけではなく非関税障壁であることを暗に示しているのです。

　いずれにしても、日本の農水省は、グラフの縮尺を説明に都合の良いように調整したり、"差額課徴金"を"関税"と呼んだり、セーフガードとは異なる関税緊急措置を聞こえの良いセーフガード（SG）と都合の良いネーミングをしているのです。

　このいわゆる SG（関税の緊急措置）は、この四半期ごとの輸入数量の発表は四半期終了の翌月下旬に発表される財務省貿易統計によって確定します。そのため、翌四半期に基準輸入価格が変動するかどうかは、まったく予見不可能です。すなわち日本の差額関税制度には、WTO の規定する通常の関税として必須の**透明性および予見可能性が完全に欠如**しているのです。

　次頁の図3は2001年から2020年9月までの冷凍豚肉輸入価格、冷凍牛肉輸入価格、為替レートの推移です。2001〜2004年度に7月末の財務省貿易統計発表後8月1日より関税緊急措置が発動し分岐点価格が653円に跳ね上がりました。この高い分岐点価格は年度末の3月末まで続きました。この時の関税緊急措置はなぜ発動されたかと言いますと、2000年代に入ってヨーロッパにおける牛肉の BSE によって牛肉の消費が豚肉や鶏肉に移ったことが関係しています。その後2001年9月には千葉県で国内初の BSE 感染牛が見つかり、2003年12月には米国でも BSE が発生し豚肉の需要が一気に高まったのです。そのため輸入量が増大し2001年度から2004年度にかけて4回連続で関税の緊急措置が発動されました。

第一四半期			第二四半期			第三四半期			第四四半期			第一四半期		
4月	5月	6月	7月	8月	9月	10月	11月	12月	1月	2月	3月	4月	5月	6月
←3年平均119%超→						←←←	基準輸入価格 引上げ	→→→						
	輸入統計発表													
			←←←	3年平均119%超	→→→				←←←	基準輸入価格 引上げ	→→→			
				輸入統計発表										
				←←←	3年平均119%超	→→→				←←←	基準輸入価格引上			
						輸入統計発表								
				←←←		3年平均119%超	→→→					基準輸入価格引上		
								輸入統計発表						

図2　豚肉等に係る関税の緊急措置（関税暫定措置法第７条の６）による基準輸入価格の変動

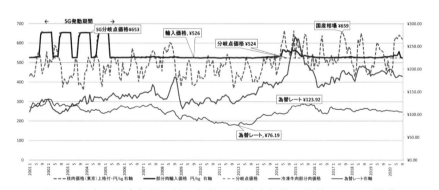

図3　豚肉　国産相場　輸入価格、分岐点価格、為替レートの推移

出典　国産相場：ALIC、輸入価格：財務省貿易統計、為替レートは各月の終値

③従量税価格帯：輸入価格が64.53円以下

従量税率：482円/kg　従量税の場合はキロ当たり一定の税額となります。

例えば、

50円/kg の場合、税額は 482円/kg。10円/kg の場合でも、税額は 482円/kg と一定です。

従量税の定義

政府の答弁書：また、従量税とは、一般に、輸入貨物の数量を課税標準として税額が決定されるものをいい、その課税標準に乗ずる一定の数量単位当たりの金額を従量税率という（内閣衆質一九六第二四七号）

ちなみに可変課徴金の額（部分肉）が最小となる分岐点価格（524円/kg）では、"従価税（524×4.3％）"と"可変課徴金（546.53 − 524）"が同じ22.53円/kgになります。

図4はWTO協定に違反する可変輸入課徴金であるとして、ウルグアイ・ラウンド交渉妥結後に廃止された日本の旧豚肉差額関税制度です。現行の数値で作図したところ、日本の差額関税制度（図1）とぴったり重なり、UR当時の複数の農水省幹部が説明していたとおり、主要な機能すなわち可変課徴金として作用する部分は全く同じになっています。

過去には従量税価格帯があるため非関税障壁ではないとの農水省の説明

図1と図4のわずかな違いは、"③従量税価格帯：輸入価格が64.53円/kg 以下"があるかないかだけです。しかし常識的に64.53円/kg 以下つまり100g で7円などという極端に安価な豚肉は、よほど特殊な事情が無い限りあり得ないため、従量税での輸入実績はほとんど無いに等しいのです。このことも当時の農水省の幹部は話しています。

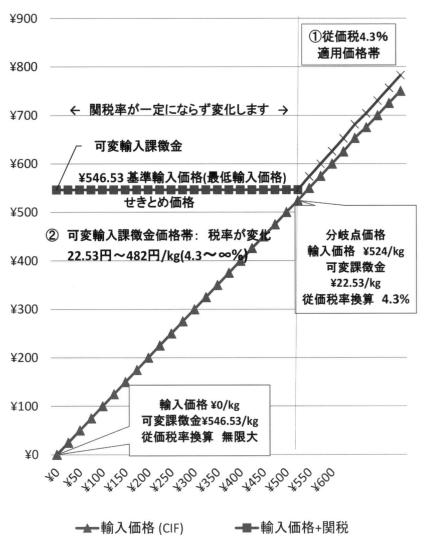

図4　日本の旧差額関税制度（UR 以前）

WTO 条約の禁止する非関税障壁（可変輸入課徴金制度）であったため WTO 条約発効と同時に廃止されました（関税率・基準輸入価格等は現行の数値を使用）。

　なお、この点に関しては、国際経済学者である阿部顕三大阪大学教授・遠藤正寛慶應大学教授も『国際経済学』（有斐閣アルマ）の中で、以下のように述べています。

　　（引用）
　　課税価格が極端に低い場合に差額関税を適用しないのは，豚肉の関税制度がWTO協定の「農業に関する協定」で禁止されている，通常の関税ではない国境措置である可変輸入課徴金及び最低輸入価格制とみなされないようにするためと推察される。
　　（引用終わり）

　また、当時の農水省も上記の阿部先生や遠藤先生が述べているように、可変輸入課徴金や最低輸入価格にならないようにしたことを裏付ける内容を公表しています。

★農林水産省から　牛肉、豚肉の新しい国境措置について
（独立行政法人農畜産業振興機構　畜産の情報1995年5月　農林水産省畜産局　食肉鶏卵課　伊地知俊一課長補佐）https://lin.alic.go.jp/alic/month/dome/1995/may/nourin2.htm より

　　（抜粋引用）
　(2)差額関税の関税化
　　差額関税部分を従量税に置換え、この仕組を1994年度の豚の部分肉に適用した場合の関税は、

区分	1994年度	差額関税部分を従量税にした場合
輸入価格が596.83円/kgを超えるもの	5％（従価税）	5％
輸入価格が596.83円/kg以下のもの	差額関税	567円/kg（従量税）

となる。

　さらに、従量税課税後の輸入価格が基準輸入価格を上回る場合には、上回る分の従量税額を免税とすることにより関税は、（ママ）となり、現行の差額関税部分が、59.67円/kg を境に差額関税と従量税の2つに分けられることとなる。しかしながら、輸入価格（CIF）が59.67円/kg 以下の豚肉の輸入はないと考えられるため、実際には現行の差額関税制度と同じ機能が維持されることとなる（図-8参照ママ）。

　（引用終わり）

　なお、「関税は、（ママ）となり、」となっている場所は文章が無いので類推すると（ママ）の部分には「従来と同じ差額関税」が入ると考えられます。また、図-8参照とありますが、図は一切削除されて公表されていません。そのためこの非常にわかり難い内容を作図して説明しましょう。当時の分岐点価格は部分肉で、596.83円（現行は524円）、基準輸入価格は626.67円（同546.53円）、従価税は5％（同4.3％）、従量税は567円（同482円）をそのまま図で示すと現行の数値と異なっているため、便宜的に現行の数値で作図してみました。

　図5で伊地知さんの説明を解説してみましょう。日本国が米国や欧州各国と WTO で結んだ関税は、従量税482円と従価税4.3％です。それは間違いなく通常の関税でした。図5の輸入価格＋従量税と輸入価格＋従価税が関税を支払った後の輸入豚肉価格です。しかし、分岐点価格524

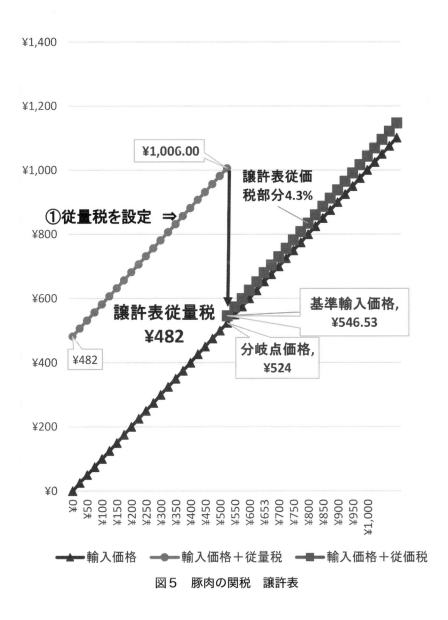

図5　豚肉の関税　譲許表

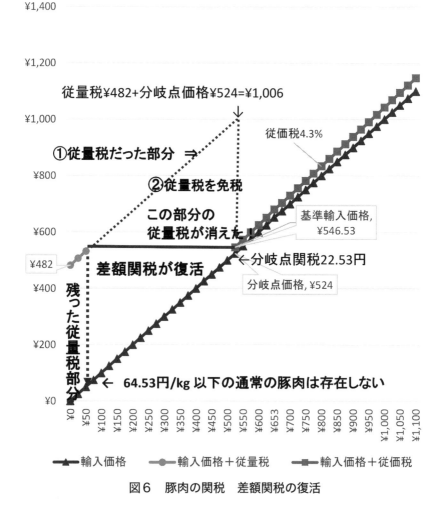

従量税¥482+分岐点価格¥524=¥1,006

①従量税だった部分 ⇒

②従量税を免税

この部分の
従量税が消えた！

従価税4.3%

基準輸入価格,
¥546.53

¥482

差額関税が復活

←分岐点関税22.53円

分岐点価格,¥524

残った従量税部分

← 64.53円/kg 以下の通常の豚肉は存在しない

輸入価格 　 輸入価格＋従量税 　 輸入価格＋従価税

図6　豚肉の関税　差額関税の復活

円を境に従量税482円と従価税4.3％×524円＝22.53円と関税が大きく異なって大きなギャップが発生しています。

　例えば524円で輸入した場合には従量税なら関税支払い後の価格は1006円、従価税なら546.53円になります。そんな馬鹿な関税はさすがに無理スジであることはだれでも理解できましょう。300円の豚コマを輸入すると分岐点価格以下なので、関税後の輸入価格は従量税482円を加算して782円になります。600円の豚ロースを輸入すると分岐点価格を超えるので従価税が4.3％（関税額25.8円）を加算して関税後の輸入価格は625.8円です。豚コマより豚ロースの方が安くなるという著しく不合理な状態になります。

　さすがにこれはマズイというので基準輸入価格を上回る従量税を免税にするというやり方で、WTOで禁止された旧差額関税を復活することにしました。このようにしてWTO協定違反の差額関税制度は復活しました。WTO農業協定で「通常の関税に転換することが要求された措置その他これに類するいかなる措置（注）も維持し、とり又は再びとってはならない。」とされた非関税障壁がゾンビのように蘇ったのです。

　それでもこの制度を厳格に適用していれば300円の豚コマは、関税後は546.53円と82％という高率関税となります。そのため非常に高い豚コマになり、安いはずの豚コマを原料にして作るソーセージは庶民には高嶺の花になってしまいます。

　一方、ロースは分岐点価格以上なので低率関税後の価格は625.8円なので豚コマの価格とはそれほど大きな違いは出てきません。これぞ制度の仕組みによって品質の違う豚肉の国際価格の差が国内市場に反映されないということになっているわけです。

そのため、そのまま差額関税制度を厳格に運用すれば、ハムやソーセージ原料の輸入が激減する他国からも、ハム・ソーセージ価格が高騰して消費者からも非難されるのは明らかでした。そこで、日本政府は他国に不当な利益を生じさせていたコンビネーション輸入の継続を WTO 協定以降も続けてきたわけです。

他国からの指摘を受けていなくても維持してはいけない制度

この差額関税制度は他国の輸出企業に不当利益が発生し、損するのは日本の消費者という前代未聞の輸入障壁であるため、旨味を享受している WTO 加盟国から提訴されることはありませんでした。なお本制度については、一時 EC（欧州共同体）が1997年1月に、同措置は GATT 1 条最恵国待遇および GATT 13条に違反するとして協議を要請したことがありましたが（WT/DS66）、パネルは設置されずに終わってしまいました。

（WTO/FTA Column Vol.16 2003/8/1 JETRO International Economic Research Division）

ところで、WTO 上級パネルでは農業協定4条2項について、非関税障壁を関税化する義務は、「**WTO 協定発効日から適用され他の加盟国からの指摘を受けていない措置でも維持できない**」と判断されていると述べられています。以下に引用していますが、この解説は独立行政法人経済産業研究所という日本の通商政策、国際貿易政策を管掌する経済産業省の研究機関が発行する論考に述べられています。

【WTO パネル・上級委員会報告書解説⑰】ペルー ── 農産物輸入に対する追加課徴金（DS457）── 可変関税制度および WTO 協定と地域貿易協定の関係に対する示唆 ──
著者：川瀬剛志独立行政法人経済産業研究所より（引用）
農業協定4条2項の解釈：【WTO パネル・上級委員会報告書解説⑰】

より引用

　農業協定の目的と範囲：農業協定４条２項については数件の先例で検討されたが、本件にはチリ・農産物価格帯事件（DS207）の判断が特に関係する。同事件上級委員会によれば、前文における農業協定全般の目的および同４条の目的から、**４条は農産物貿易に影響する市場アクセス障壁を通常の関税に転換することを求める法的手段である。関税化義務はWTO協定発効日から適用され、他加盟国からの指摘を受けていない措置でも維持できない。４条２項注は６種類の国境措置およびこれらに類する通常の関税以外の国境措置を含むその他の措置を挙げるが、これらは例示である。これらの措置は全て通常の関税と異なる態様での農産物輸入の数量制限および価格歪曲の目的があり、国内市場への国際価格動向の伝達を妨げる。**【P: 7.269–7.281】
（引用終わり）

　WTO上級パネルの農業協定４条２項の判断ですが、同論考には「４条２項注は６種類の国境措置およびこれらに類する通常の関税以外の国境措置を含むその他の措置を挙げるが、これらは例示である。これらの措置は全て通常の関税と異なる態様での農産物輸入の数量制限および**価格歪曲の目的があり、国内市場への国際価格動向の伝達を妨げる。**」とも述べられています。

　すなわち、農業協定４条２項の関税化義務について要約すると次のとおりになります。非常に重要なところですので、重複しますがご容赦下さい。

①関税化義務はWTO協定発効日から適用される。
②他の加盟国からの指摘を受けていない措置でも維持できない。

③注）で述べている可変課徴金や最低輸入価格などは例示である。

④これらの措置は通常の関税とは異なり価格歪曲の目的がある。

⑤国内市場への国際価格動向の伝播を妨げる国境措置である。

なお、4条2の注）で例示されている非関税障壁は、「輸入数量制限、可変輸入課徴金、最低輸入価格、裁量的輸入許可、国家貿易企業を通じて維持される非関税措置、輸出自主規制その他これらに類する通常の関税以外の国境措置」です。

すなわち我が国の豚肉の差額関税制度は、「①協定発効日に関税化せず、②他の加盟国から指摘を受けたが、指摘が立ち消えになったため維持され、③注）で例示された可変課徴金や最低輸入価格を維持し、④長年にわたり分岐点価格での輸入を強いるなど価格歪曲の目的があり、⑤国際価格や為替レートが変動しても輸入価格が不自然に変動しない国内市場への国際価格動向の伝播を妨げている」最悪の制度なのです。誰が何といっても、官僚や専門家・法律家が何といっても通常の関税ではないWTO条約違反の制度であることは火を見るよりも明らかです。

日本国政府の常軌を逸した解釈

このように明らかに我が国の差額関税制度は国際条約に違反しているにもかかわらず、日本国政府は独自の解釈を国会議員からの質問に対して閣議決定をして答弁しています。これらの答弁については、著名な農業経済学や国際法の学者に筆者が確認しましたが、世界に通用しない驚きの解釈だと述べています。

（質問主意書ホームページ）

http://www.shugiin.go.jp/internet/itdb_shitsumon.nsf/html/shitsumon/a196247.htm

http://www.shugiin.go.jp/internet/itdb_shitsumon.nsf/html/shitsumon/

a196248.htm

日本政府の解釈、可変課徴金の定義について：

WTO の用語集には「可変課徴金とは国内の価格基準に応じて変化する関税率（**variable levy** Customs duty rate which varies in response to domestic price criterion)」と書いています。

https://www.wto.org/english/thewto_e/minist_e/min99_e/english/about_e/23glos_e.htm

これは、差額関税制度に沿って言い換えれば「国が定めた基準輸入価格に応じて変化する関税率」となるわけで、国際的には差額関税制度は、可変課徴金とみなされる制度です。

さて、政府の答弁を見てみましょう。

（答弁引用）

内閣衆質一九六第二四七号　平成三十年五月十一日

「可変輸入課徴金」とは、輸入貨物に課せられる一種の課徴金であって、その金額が個別の法令上又は行政上の措置を要しない仕組みにより自動的に絶えず変化し、かつ、不透明で予測不可能なもの

（引用終わり）

日本国政府は「個別の法令上又は行政上の措置を要しない仕組みにより絶えず変化」と独自の解釈を付け加えており、"あらかじめ法令や行政上の措置があり、絶えず変化"しなければ可変課徴金ではないとしています。

旧差額関税制度はWTO協定違反のため関税化した？

一方で、旧差額関税制度は、従来採られていた輸入制限措置であって、WTO協定（マラケシュ協定）附属書一Ａの農業に関する協定によって通常の関税に転換したとしております。すなわち、旧差額関税制

度は通常の関税に転換しなければならないWTO協定違反の制度だとしているわけです。そのことは次の答弁で明確にのべています。

（答弁引用）
内閣衆質一九六第二四八号　平成三十年五月十一日
一の（二）について
　御指摘の「ウルグアイ・ラウンド合意以前の豚肉の**差額関税制度」（以下「旧制度」という。）については**、ガット・ウルグァイ・ラウンド交渉の結果を踏まえ、世界貿易機関を設立するマラケシュ協定（平成六年条約第十五号）附属書一Aの農業に関する協定（以下単に「協定」という。）**第四条2に規定する通常の関税（以下「通常の関税」という。）に転換したものである。**
一の（三）について
　ガット・ウルグァイ・ラウンド交渉の結果を踏まえ、**従来採られていた輸入制限措置等を通常の関税に転換した品目は**、小麦、大麦、乳製品の一部、でん粉、雑豆、落花生、こんにゃくいも、繭・生糸及び**豚肉**である。
一の（四）から（六）までについて
　旧制度は、当時の畜産物の価格安定等に関する法律（昭和三十六年法律第百八十三号）第三条第一項の規定に基づき毎会計年度定められる安定基準価格及び安定上位価格を基に定められる基準輸入価格を用いて、関税の率が定められるものであったため、**当該関税の率は年度ごとに変わり得るものであり、協定第四条2の注に規定する「その他これらに類する通常の関税以外の国境措置」に当たると考えられたものである。**
　他方、御指摘の「現在の関税暫定措置法によって定められる豚肉の差額関税制度」（以下「現行制度」という。）は、**一定の基準輸入価格を基に定められる分岐点価格を境に、分岐点価格を超える豚肉にあっては従価税を課し、分岐点価格以下の豚肉にあっては従量税**

を課すとともに、分岐点価格の前後で課税後の価格が逆転しないよう関税の率を定めているものであり、通常の関税に当たるものである。

（引用終わり）

　つまり、旧制度は基準輸入価格が年度ごとに定められるため関税率が年度ごとに変化することがあるため非関税障壁と考えられたので廃止しました。他方、現行制度は基準輸入価格が一定に定められているため通常の関税にあたると説明しています。

　それでは非関税障壁として廃止した旧差額関税と現行の差額関税制度を比較してみましょう。

旧差額関税制度の仕組みと現行差額関税制度との違い

　旧差額関税制度においては、基準輸入価格は「畜安法」（畜産物の価格安定に関する法律）の安定上位価格と安定基準価格の中間価格としていました。従って、当時の基準輸入価格は法令に基づいていた制度です。また、絶えず変化し不透明で予測不能であったかと言えば、絶えず変化していたわけではなく、基準輸入価格は、年度内は全く変化せず、場合によっては数年度の間、一定していたことが農水省の資料から分かります。

表1　豚肉安定価格の推移

平成	1	2	3	4	5	6
西暦	1989	1990	1991	1992	1993	1994
安定上位	565	565	565	565	565	540
安定基準	400	400	400	400	400	400
中間	482.5	482.5	482.5	482.5	482.5	470

出典：独立行政法人農畜産業振興機構　国内統計資料（中間価格が基準輸入価格）

表1は平成1年度から6年度（UR発効前年）までの旧差額関税制度下の基準輸入価格を決めるベースになった指定食肉安定価格（豚肉）の推移です。この表からは基準輸入価格が5年以上一定であったことが分かります。農水省の説明では、旧差額関税制度では基準輸入価格が絶えず変化して「不透明で予測不可能なもの」だったので廃止したとなっておりますが、今までの説明で、そのようなことはないということをおわかりいただけたと思います。旧差額関税制度は現行の差額関税制度と異なる点は無いということになるのです。とすると旧差額関税制度を非関税障壁として廃止したのでしたが、何故、政府は現行の差額関税を非関税障壁ではないと言い切れるのか不可思議です。

　ところで、WTO上級委員、経済産業省産業構造審議会、日本国際経済法学会理事長、公益財団法人日本関税協会理事を歴任されている国際経済法、通商法の権威である松下満雄東京大学名誉教授は、可変輸入課徴金の定義を「輸入価格の変化に応じて関税額が変化するという意味において可変課徴金である」と断じています（意見書）。

　次に100歩譲って政府の答弁書のとおり、差額関税制度で、基準輸入価格が変化することだけをもって旧差額関税制度が非関税障壁で、変化しないことを理由に現行の差額関税制度が通常の関税であると言えるのかどうかを検証してみましょう。

最低輸入価格の定義
【WTOパネル・上級委員会報告書解説⑰】より引用
　　最低（minimum）の通常の意味は、可能な、通常の、または達しうる最も小さい額または量であり、他の要件（例えば賃金、価格）の修飾に使われることがある。チリ・農産物価格帯上級委員会の判断を受けた同履行確認パネルによれば、最低輸入価格とは、ある輸入産品が一定基準を下回る額で国内市場に参入しないことを確保する

措置で、通常当該基準と輸入産品の取引価額の差に基づいて算出される輸入課徴金の賦課による。【P: 7.293–7.296】

政府の答弁書（内閣衆質一九六第二四七号　平成三十年五月十一日）：

一の（一）について

「最低輸入価格」とは、輸入貨物の価格としきい値価格との差額に基づいて決定される関税を課することによって、当該輸入貨物が当該しきい値価格を下回って国内市場に入ることのないようにする措置と考えられている。（内閣衆質一九六第二四七号）

五の（四）について

　御指摘の「従量税と従価税の間にある差額関税部分」の意味するところが必ずしも明らかではないが、二の（一）についてで述べたとおり、本制度は、一定の基準輸入価格を基に定められる分岐点価格を境に、分岐点価格を超える豚肉にあっては従価税を課し、分岐点価格以下の豚肉にあっては従量税を課すとともに、分岐点価格の前後で課税後の価格が逆転しないよう関税の率を定めているものである。

　また、本制度においては、高価格の部位の豚肉と低価格の部位の豚肉とを組み合わせ、これらの豚肉を一括して一キログラム当たりの課税価格を算出して輸入することにより、基準輸入価格未満の価格の豚肉を輸入することも可能であることから、協定第四条２の注に規定する「最低輸入価格」には当たらないと考えている。

　（引用終わり）

　この最低輸入価格についての政府の答弁はまことに酷い。「高価格の部位の豚肉と低価格の部位の豚肉とを組み合わせ、これらの豚肉を一括して一キログラム当たりの課税価格を算出して輸入すること」とはコン

ビネーション輸入のことを指しているのですが、法律にも条約にも基づかないコンビネーション輸入そのものが、非関税障壁であります。

　また、このような高い商品と安い商品を組み合わせて一山何円みたいな輸入方法を他の輸入商品にも認めてしまったら、正しい課税価額で正しい関税の納付を指導する税関の現場は困惑するに違いありません。例として良いのかどうか分かりませんが、例えば20万円のルイ・ヴィトンのバッグと1000円のカバンをごちゃ混ぜにして一本単価で輸入申告することができるのでしょうか？　牛肉では、価格の高いロースやヒレ肉と安いカタ肉切り落としと平均単価で輸入申告すると、税関からは必ず品目別に輸入申告をするようにとの指導が入ります。

　それが、豚肉輸入では、高級ブランドのイベリコと安価な小間切れ肉を一本単価で輸入することが、節税輸入方法として認められているのです。通常の関税であればコンビ輸入などという変な輸入方法はあり得ないのです。

　それに枝肉の場合であれば、ロースもヒレも、ウデ肉も切り落とし肉も分かれていないため、こちらは農水省お勧めのコンビ輸入は組めません。そのためシッカリと最低輸入の効き目が出ているため輸入は確実に抑制されています。そのため2018年度の枝肉輸入量は、9トンと部分肉の輸入量1481千トン（枝肉換算）と比較しても0.0006％と微々たる数値になっています。枝肉の輸入は差額関税が輸入禁止的で採算に乗らないため輸入量はほとんどゼロに近い数量になっています。

　なお、平成20年6月16日の関税・外国為替等審議会関税分科会企画部会において財務省関税局が配布した"関税政策　参考資料"では、関税の形態と具体的な品目を以下のように従価税、従量税、および差額関税を区別して表示しています。また、豚肉の差額関税部分の関税率は、

通常の関税である従価税や従量税のように一定な関税率とすることが不可能であるため、546.53円/kg－課税価格としか示していません。このように一定の関税率で表すことのできない輸入制度が非関税障壁の大きな特徴なのです。

【関税政策　参考資料】
平成20年6月16日関税・外国為替等審議会関税分科会企画部会　財務省関税局

	形態	内容	主な例

・従価税　輸入品の価格を課税基準として税率が定められる。　牛肉
　　　　税率（牛肉）38.5%

・従量税　輸入品の重量や容積などの数量を基準として課税。　コメ　塩
　　　　税率（コメ）1次：無税、2次：341円/kg（関税49円/kg
　　　　＋納付金292円/kg）
　　　　（塩）0.5円/kg

・差額関税　輸入品の価格と一定額との差額を税額とする関税　豚肉
　　　　豚肉について昭和46年に導入
　　　　税率（豚肉）Ex）部分肉の場合
　　　　課税価格≦64.53円/kg……482円/kg（従量税）
　　　　64.53円/kg＜課税価格≦524.00円/kg
　　　　……546.53円/kg－課税価格（差額関税）
　　　　524.00円/kg＜課税価格……4.3%（従価税）

（筆者注：豚肉の関税率は一定な値で表せない）

13 農水省の差額関税制度の制度維持についての説明

　独立行政法人農畜産業振興機構のホームページに当時 UR 農業交渉担当官であった伊地知さんの説明があります。

https://lin.alic.go.jp/alic/month/dome/1995/may/nourin2.htm

　説明を読めば伊地知さんが非常に優秀な官僚であることが分かります。この文書は、WTO 農業交渉の中で、最終的に WTO 農業協定違反で廃止されたはずの差額関税制度が、どのようにしてゾンビのように復活したのかを示しているため非常に興味深いリポートです。しかしながら通商交渉の専門用語などが出てくるため、若干分かりにくいので、豚肉の項目について、筆者ができるだけ分かりやすく解説したいと思います。以下はこのホームページからの引用ですが、UR 発効から25年以上が経ち、図が無くなっている部分もありますので、その部分には筆者が作図して（筆者注）として挿入しています。また、重要なところには**下線を引いて**その項目の下に筆者の解説文を挿入してあります。

　（ホームページから引用）
　ALIC 月報　畜産の情報1995年4月 /No. 67
　★農林水産省から
　牛肉、豚肉の新しい国境措置について
　（農林水産省畜産局　食肉鶏卵課　課長補佐　伊地知俊一）

　1　はじめに
　1986年9月にウルグァイのプンタ・デル・エステで開始された第8回目のガットの多角的関税・貿易交渉であるウルグァイ・ラウンド（UR）は、当初予定された4年間の交渉期間を大幅に超える

　7年余りの長期間の交渉の末、1993年12月15日に合意に達した。これを受け、世界貿易機関（WHO）設立協定とともにUR合意内容を1995年4月から実施するための関連国内法の改正案が第131臨時国会に提出され、1994年12月2日衆議院、12月8日参議院で可決、成立した。ここでは、牛肉及び豚肉の新しい国境措置について説明する。

2　牛肉の国境措置

(1)UR合意の概要

　～(省略)～

3　豚肉の国境措置

(1)UR合意の概要

　豚肉については、1971年10月の輸入自由化に際し、国内の価格安定制度とリンクした差額関税制度が導入された。この制度では一定価格（分岐点価格、1994年度、枝肉で447.62円/kg、部分肉で596.83円/kg）よりも高い価格で輸入されるものに対しては定率関税（現行5％）を適用し、同価格以下の価格で輸入されるものに対しては安定価格帯の中心水準として定められる基準輸入価格（1994年度、枝肉で470.00円/kg、部分肉で626.67円/kg）との差額を関税として課すことにより、**基準輸入価格より低い価格での豚肉の輸入が行われない仕組となっていた**（図-2参照）。今回のUR交渉では、**EU、米国等の関係国から、差額関税制度は最低輸入価格制度、あるいは可変的関税であるとして制度の変更を強く求められ**、交渉の結果、以下の内容で関係国との合意が行われた。

　（引用終わり）

（筆者注）下線筆者。伊地知さんの説明には図-2があったはずですが、2020年7月現在では無くなっていますので、筆者が作成しました。

　なお基準輸入価格などの数値は、1995年1月にWTO農業協定発効

時には（分岐点価格、1994年度、枝肉で447.62円/kg、部分肉で596.83円/kg）でしたが、それ以降2000年度まで毎年変化しましたので、煩雑を避けるため2000年度以降の数値（分岐点価格、2000年度、枝肉で393円/kg、部分肉で524円/kg）を基に、部分肉（分岐点価格524円　基準輸入価格546.53円）に置き換えて作図しました（図1）。

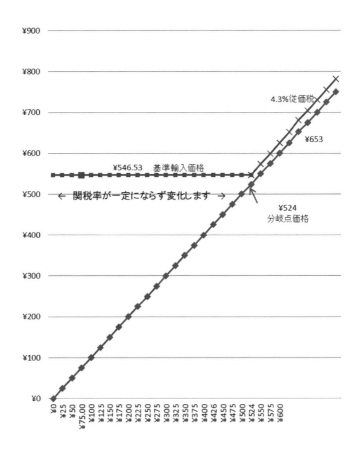

図1　豚肉の差額関税（UR 以前　現行の数値使用）

（解説文）

　伊地知さんは、はっきりとこの差額関税制度は、「基準輸入価格より
低い価格での豚肉の輸入が行われない仕組」となっていると説明してい
ます。これは基準輸入価格がまさしく「せきとめ価格」であることを示
しています。当時はコンビネーション輸入に関しては、一切説明せずに
差額関税制度の基準輸入価格は「せきとめ価格」であると説明していま
したので、安価な豚肉は輸入されないものだと豚肉関係者以外の誰もが
思っていました。また、「旧差額関税制度は、最低輸入価格あるいは可
変的関税（可変輸入課徴金）であるとしてEU・米国から制度の変更を
強く求められた」と説明しています。WTO農業協定で最低輸入価格あ
るいは可変的関税（可変輸入課徴金）が禁止されたために当然WTO加
盟国から差額関税制度の撤廃を迫られたわけです。当時は日本国内の農
林族議員や生産者団体から「差額関税制度　絶対維持！」を命題に農水
官僚は玉砕覚悟で交渉に臨んだわけです。それが、最終的には差額関税
制度を維持できたわけですが、どのようなトリックで差額関税が維持で
きたのでしょうか？　以降で伊地知さんはその経緯を説明しています。

　　（ホームページから引用）

　①分岐点価格以下での輸入に適用される差額関税部分については、
　　　内外格差に相当する関税相当量（TE、枝肉の場合、425円/kg、
　　　部分肉は567円/kg）を従量税として課し、1995年度から2000年
　　　度までの実施期間で15％削減する。

　年度毎の従量税

年度	1995	1996	1997	1998	1999	2000
枝肉（円/kg）	414.33	403.67	393.00	382.33	371.67	361.00
部分肉（円/kg）	552.83	538.67	524.50	510.33	496.17	482.00

　　（引用終わり）

（筆者注）伊地知さんの説明ですが、現行数値を当てはめて分かりやすくすると「①従量税を輸入価格が524円（分岐点価格）までは、482円で設定し、分岐点価格を超える価格には従価税4.3％に設定」となります（次の図2をご覧ください）。

　確かにWTO農業協定で認められた通常の関税である従量税と従価税の混合税になっています。WTO加盟国と締結した関税率はこの文書（譲許表）のとおりの数値になっています。従って、この時点ではWTO農業協定発効以前の旧差額関税制度は廃止されました。

　この数値を示すだけでは非常に分かりにくいため、部分肉について作図したのが、図2です。また、表にある従量税の引き下げなどをグラフ化すると、非常に煩雑で更に分かりにくくなるため、2000年度以降（現行）の数値を基にして作図しました。そうすると驚くべき姿のグラフになりました。

（解説）
　従量税を524円（分岐点価格）までグラフにしてみると、見ただけで異様なグラフであることが誰でもわかるはずです。なにしろ、分岐点価格（524円）の価格の豚肉の関税率がキロ当たり482円の従量税なのか、4.3％（キロ当たり22.53円）になるのか、一体全体どちらを適用すれば良いのか分かりませんし、525円の豚肉の関税が4.3％すなわちキロ22.26円なのに、それより2円安い523円の関税は482円ということで、課税後価格が著しく不合理な状態になるのです。これを我が国の農水省はWTO加盟国に対して「従量税と従価税の混合税なので通常の関税です」と説明して譲許表に載せたわけです。グラフにしてみれば、誰が見ても通常の関税とは見えませんが、「従量税482円/kgが分岐点価格524円で従価税4.3％になります」と文書で説明されれば、「従量税と従価税の混合税だ。通常の関税だ」とごまかされたわけです。こうして異常な関税が通常な関税？として譲許表に載ったのです。

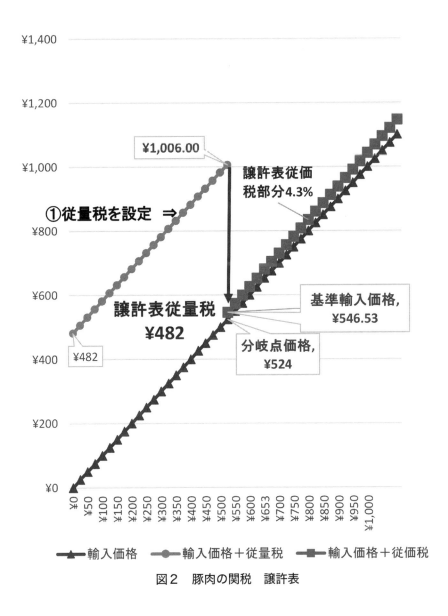

図2　豚肉の関税　譲許表

＊＊＊譲許表をそのまま適用した場合の異常な関税額＊＊＊
安い豚肉が非常に高くなり、523円の輸入豚肉の課税後価格は、1005円
高い豚肉が非常に安くなり、525円の輸入豚肉の課税後価格は、547円
＊＊＊

　また、伊地知さんの説明を読むと、①として「内外格差に相当する関
税相当量（TE、枝肉の場合、425円/kg、部分肉は567円/kg）を従量税
として課し」とあります。これは通常の通商交渉において関税率を決め
るときに、内外の価格差を基準とすることにして UR（ウルグァイ・ラ
ウンド）の時にはその15％を5年間で削減するという取り決めがあり
ましたので、この TE（内外価格差の関税量）をどれほどにするかとい
うところも交渉になったわけです。
　例えば、乱暴な話ですが、牛肉は A5 の最高級和牛（キロ2万円）と
ミンチ用輸入牛肉（キロ500円）が同じ牛肉だと比較して TE（従量
税）はキロ1万9500円とすることが、可能と言えば可能であるわけで
す。銀座のデパートの高級メロンが1個1万円、アメリカのメロンが1
個200円であれば TE は9800円……？？？　冗談はさておいて、それで
は、豚肉の TE は何を基準としていたのでしょうか？
　廃止された旧差額関税制度では、基準輸入価格は昭和36（1961）年
にできた「畜産物の価格安定に関する法律」で規定された豚肉の安定上
位価格と安定基準価格の中間価格にリンクしていました。この2つの安
定価格というものは、国産豚肉の極上と上格付の価格（省令価格）を基
に決められていました。この基準輸入価格が TE の基になったと考えら
れます。高品質でなおかつ極上・上格付の国産豚肉とハム・ソーセージ
原料が主たる用途の海外産豚肉の価格が異なるのは明らかです。しかし
ながら、このようなことで、まさに輸入禁止的な従量税が設定されたわ
けです。なお、WTO 農業協定発効以前は最低輸入価格も可変課徴金も
禁止されていたわけではありませんので、旧差額関税制度は条約違反で
はありませんでした。

　ところで、農水省の説明によりますと、差額関税制度については、WTO農業協定発効以前の旧差額関税制度は廃止されたことになっています。そして、現行の豚肉関税はWTO農業協定で認められた譲許表に規定された通常の関税ですと説明していますが、それならば、WTO加盟各国から認められたこの譲許表のとおりに胸を張って関税を徴収すれば良かったはずです。

　しかしながら、さすがに著しく不合理な状態そのままに譲許表どおりに"通常？の関税"を徴収するのは、加工原料豚肉が高騰するため国内メーカーや消費者からも、輸入量が激減する海外の豚肉輸出国からも非難を浴びることは当然でした。そのため、なにをしたかと言いますと……。

　（ホームページから引用）
　②ただし、従量税課税後の輸入価格が基準輸入価格を上回る場合には、上回る分の税額を免税とする。
　③分岐点を上回る価格での輸入については、現行の従価税を適用し、1995年度から2000年度までの実施期間で15％削減する。
　④2000年度の分岐点価格（基準輸入価格）の水準を以下のとおりとする。

	分岐点価格	基準輸入価格
枝肉（円/kg）	393.00	409.90
部分肉（円/kg）	524.00	546.53

　（引用終わり）

　（筆者注）この伊地知さんの説明についてですが、そのままの文章ではやはり分かりにくいので、筆者が以下のとおりに作図しました（図3）。数値は2000年度以降、すなわち現在の差額関税制度の数値を用いています。

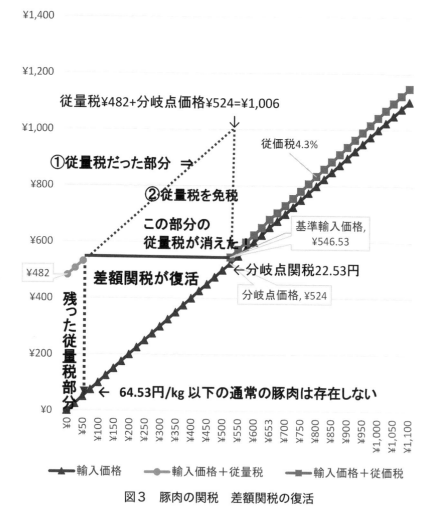

図３　豚肉の関税　差額関税の復活

（解説）

　さて、旧差額関税制度を廃止して、著しく不合理で異常ではあるものの通常の関税である従量税と従価税の混合税で成り立つ譲許表から、いよいよ差額関税制度の復活というトリックの核心部分の解説に入りたいと思います。先述のとおり、譲許表を適用した場合には、分岐点価格の前後で安い豚肉の関税が非常に高く、高い豚肉の関税が非常に低くなる異常な関税額の逆転現象が起こることを説明しましたが、これを解消するために基準輸入価格で従量税を切って大幅に減額したのです。それで、見事に差額関税が復活し農業交渉担当官は玉砕せずに済んだというわけです。しかしながら、厳格にこの制度を運用すれば、海外産豚肉の主流であるハム・ソーセージ向けの冷凍加工用原料豚肉の価格が国産上格付豚肉並みに高騰して輸入が激減することは目に見えているため、海外に不当利益という飴玉をしゃぶらせて WTO 紛争に持ち込まれないように口を封じながら、国内でたまに豚肉輸入商社やハムメーカーを関税法違反で摘発して、養豚生産者をなだめていたわけです。このトリックには、状況を知らない多くの政治家も官僚も、マスコミも、畜産団体、小売り団体、外食団体も、もちろん消費者団体も今日まで知らずにきていたという誠に稀有な、そして我が国にとって不幸な実状が続いているわけです。

　（ホームページより引用）
⑤輸入急増時に分岐点価格を引き上げる緊急調整措置（SG、セーフガード）を導入する。
　年度始めから各四半期の終りまでの累計輸入量が前３年間の同期の119％を超えた場合、年度の残りの期間について、また、年度間の輸入量が前３年間の輸入量の119％を超えた場合、翌年度の第１四半期について、分岐点価格をガット上の譲許（バインド）水準まで引き上げる（図-3参照）。分岐点価格の譲許水準は、基準期間（1986〜88年）の分岐点価格から毎年度 TE の削減額と同

額を削減した水準であり、具体的には以下のとおり。

年度	基準期間	1995	1996	1997	1998	1999	2000
枝肉（円/kg）	553.00	542.33	531.67	521.00	510.33	499.67	489.00
部分肉（円/kg）	738.00	723.83	709.67	695.50	681.33	667.17	653.00

　従量税課税後の輸入価格が基準輸入価格を上回る場合には、上回る分の従量税額を免税とすることにより関税は、となり（ママ）、**現行の差額関税部分が、59.67円/kg を境に差額関税と従量税の2つに分けられることとなる。しかしながら、輸入価格（CIF）が59.67円/kg 以下の豚肉の輸入はないと考えられるため、実際には現行の差額関税制度と同じ機能が維持されることとなる。**

（引用終わり）

（筆者注）

　ここでは、WTO 農業協定で禁止された旧差額関税制度のような非関税障壁を通常の関税に転換した場合に認められた SG（セーフガード）の話を述べたいと思います。実際には国内生産が重大な被害をうけた場合に適用される SG によって関税を上げたり輸入制限を課したりするための要件を満たすのは、損害の証拠などを WTO に提出する必要があるため、かなりハードルが高いのです。しかしながら、ここで伊地知さんが言っている SG は厳密には WTO で認められている本来の SG ではなく、正式には緊急関税措置（ここでは緊急調整措置）と呼ばれる制度で、基準輸入価格を UR 以前の譲許水準の途中まで戻すというものです。これもなぜ SG と呼んだのか分かりませんが、SG というと「差額関税制度は、通常の関税に転換したため認められた制度かな？」と輸出国がかん違いして納得しやすいため、もしかすると目くらましのためだったのかもしれません。筆者はこの辺の欺岡する言葉を使ったところも当時の農水官僚は大変優秀だったと思っています。そしてまさしく農

水省が意図したとおりに、現在では海外でも国内でも緊急関税措置は SG と呼ばれるようになっています。

　なお、本稿でも、緊急関税措置（いわゆる SG もどき）を便宜的に SG と呼ぶことにしたいと思います。表1は SG 発動の場合に基準輸入価格、分岐点価格がどのように変化したのかを示したものです。また、図4は過去20年間の輸入価格等の推移です。見事に分岐点価格に貼り付いています。なお2001年からの4年間は、BSE や鳥インフルエンザによって、豚肉輸入量が急増したため SG が発動されましたが、これも輸入価格は見事に分岐点価格に貼り付きました。

表1

	基準輸入価格	分岐点価格		従量税	従価税率
（通常時）		従価税分岐点	従量税分岐点		
枝肉	409.90円	393円	48.90円	361円	4.3%
部分肉	546.53円	524円	64.53円	482円	4.3%
（SG 発動時）					
枝肉	510.03円	489円	149.03円	361円	4.3%
部分肉	681.08円	653円	199.08円	482円	4.3%

注）豚肉の SG は過去3年間の四半期ごとの輸入量平均の119%を超えた場合に冷凍・チルドを問わず全ての輸入豚肉に対して発動する（牛肉は冷凍・チルド別に発動する）。

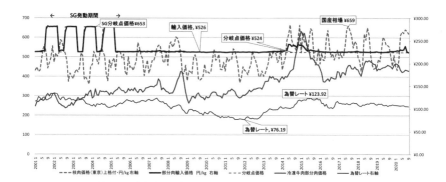

図4　豚肉　国産相場　輸入価格、分岐点価格、為替レートの推移

出典　国産相場：ALIC、輸入価格：財務省貿易統計、為替レートは各月の終値

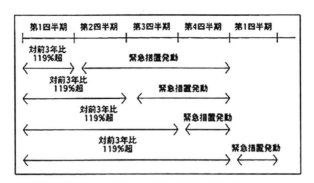

図5　関税の緊急措置の発動例

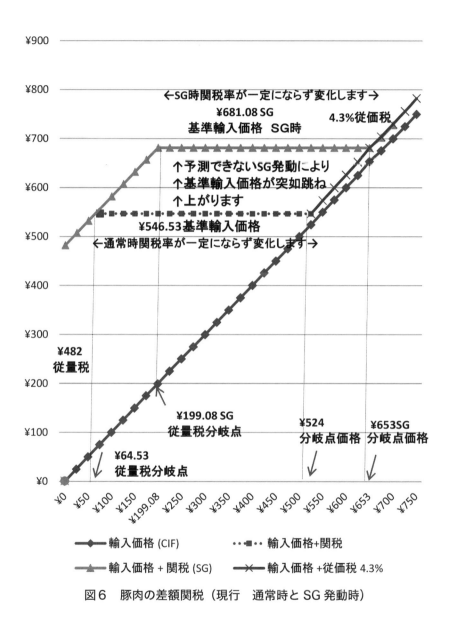

図６ 豚肉の差額関税（現行 通常時と SG 発動時）

（解説）

　豚肉の SG 発動は、財務省の貿易統計が第1四半期（4～6月）であれば7月下旬に発表されますので、8月から年度末（翌年3月末）まで基準輸入価格がジャンプします。通常であれば関税率が上がったり、輸入そのものがストップしたりするのが SG なのですが、我が国では豚肉の基準輸入価格"せきとめ価格"が上がります。本来であれば、基準輸入価格が上がれば輸入はストップするはずですが、そこは"分岐点価格輸入制度"の異名を持つ制度ですので、2001年から2004年度の8～3月まで輸入価格も分岐点価格に沿って上昇しています。これほど急激に輸入価格が定期的に上昇したり、下落したりすることは通常商品の輸入ではあり得ません。なお、四半期ごとの輸入量の予測は不可能ですので、分岐点価格が何時上がるかの予測は不可能なので、輸入商社は財務省貿易統計をヒヤヒヤしながら見ています。このように**輸入条件が不透明で予測不可能な制度そのものが WTO の禁止している非関税障壁の重要な特徴の一つ**です。

　最後に、伊地知さんは、「低い価格帯で従量税と差額関税に分けられるが、従量税価格帯の輸入はないと考えられるため、実際には現行の差額関税制度と同じ機能が維持されることとなる」と本音を述べています。現行の差額関税制度は廃止された旧差額関税制度と同じ機能をもって復活したという事実を認めたことになります。

　なお、WTO 農業協定では、「通常の関税に転換することが要求された措置その他これに類するいかなる措置（注）も維持し、とり又は**再びとってはならない。**」（外務省訳　WTO 農業に関する協定　第三部　第四条市場アクセスより）とされており、実際には WTO 農業協定で禁止された措置を復活させて再びとった現行の差額関税制度は、WTO 農業協定に違反していることを伊地知さんは明確に述べているのです。

14 第一次安倍内閣、経済財政諮問会議「豚肉差額関税制度廃止」の合議と決定

2007年5月9日、首相官邸大会議室において平成19年第12回経済財政諮問会議が開催されました。経済財政諮問会議とは、内閣府のホームページ（https://www5.cao.go.jp/keizai-shimon/index.html）によりますと、「経済財政政策に関し、内閣総理大臣のリーダーシップを十全に発揮させるとともに、関係国務大臣や有識者議員等の意見を十分に政策形成に反映させることを目的として、内閣府に設置された合議制の機関です。」

この機関は、総理大臣が議長を務める「**経済財政諮問会議**」、学識経験者など民間議員が会長を務める「**グローバル化改革専門調査会**」そして食料・農業と通商法の専門家がメンバーである「**EPA・農業ワーキンググループ**」で成り立っています。この章ではこれらの会合でどのような内容が話し合われたのか、差額関税制度の廃止を軸にしてその合議内容の解説を試みたいと考えています。

最初に、「グローバル化専門調査会、EPA・農業ワーキンググループ」による数多くの会合の後、差額関税制度についての廃止が、最終的に第12回経済財政諮問会議において合議・決定がなされました。重要なので再度記述しますが、この諮問会議は、安倍晋三総理が議長を務め、経済財政政策に関連する閣僚や日銀総裁、学界、経済界を代表するメンバーによる、我が国の経済財政に関する政策を決定する上で、非常に重要な合議制の機関です。その参加メンバーは次のとおりです。

　議長　安倍晋三　内閣総理大臣
　議員　塩崎恭久　内閣官房長官

同　大田弘子　内閣府特命担当大臣（経済財政政策）

同　菅義偉　総務大臣

同　尾身幸次　財務大臣

同　甘利明　経済産業大臣

同　福井俊彦　日本銀行総裁

同　伊藤隆敏　東京大学大学院経済学研究科教授

（兼）公共政策大学院教授

同　丹羽宇一郎　伊藤忠商事株式会社取締役会長

同　御手洗冨士夫　キヤノン株式会社代表取締役会長

同　八代尚宏　国際基督教大学教養学部教授

臨時議員　麻生太郎　外務大臣

同　柳澤伯夫　厚生労働大臣

同　松岡利勝　農林水産大臣

同　渡辺喜美　国・地方行政改革担当大臣

　この会議の中で特筆すべき点は、最初の議題「○グローバル化改革（EPA・農業）」について、伊藤隆敏グローバル化改革専門調査会会長による報告があったことです。

　（引用：第12回経済財政諮問会議　議事録　資料1　4ページ目）
　2ページ目に具体的な我々の提案が書かれております。⑴日豪 EPA 交渉については、早期に確実な成果を得ることを目指す。⑵日米 EPA について、早急に産官学による共同研究を開始する。⑶日 EU の EPA についても、早急に準備を進める。⑷諸外国の EPA の事例を参照しながら、これまで締結してきた EPA よりも相当程度高い自由化率を目指す。⑸国境措置については、対象品目を絞込むとともに関税率を引き下げる。**差額関税制度については廃止し、単純かつ透明性の高い制度に変更する。差額関税制度とは、いろいろと新聞紙上に出ておりますように、不正の温床になってい**

ると言われている制度であります。

　(6)国境措置削減によって発生する産業調整コストへの対応にあたっては、農業における構造改革に資するものに限定し、原則として期間を示した、計画的な措置とすべきである。対象については、所得の大宗を農業に依存している農業経営者を基本とすべきである。

　（引用終わり）

　この中で、不正の温床という言葉が出ていますが、このことは国境措置すなわち海外からの輸入豚肉の輸入制度そのものが問題なのであり、それが脱税等の不正を引き起こす複雑な制度となっていることを指して、不正の温床になっていると指摘しているのです。

有識者議員の差額関税撤廃の主張

　加えて、筆者が特に驚いたのは、同会議において、学会や財界から選出された有識者議員も差額関税廃止を主張していることでした。

　有識者議員提出資料

　（伊藤隆敏、丹羽宇一郎、御手洗冨士夫、八代尚宏の４氏提出参考資料より引用　資料２）

　　また、WTOのドーハ・ラウンド交渉は、本年夏にかけて大詰めを迎える。戦後、我が国は自由貿易体制の裨益のもとで経済発展を遂げてきた。世界第二の経済大国として、世界的な自由貿易体制の維持・発展に貢献するため、WTO交渉の早期妥結に向けて、我が国がその地位に相応しい貢献を行うべきである。ウルグアイ・ラウンドの最終局面では、コメについては、関税化を拒否したため、結果として不利な選択になってしまったこと、交渉妥結後、６兆100億円もの国内農業対策を行ったが構造改革に向けた政策効果が乏しかったことなど、苦い経験を繰り返すべきではない。

さらに、EPA、WTO 交渉のなかで以下を目指すべきである。

(1)日豪 EPA 交渉については、早期に確実な成果を得ることを目指す。

(2)日米 EPA について、早急に産官学による共同研究を開始する。

(3)日 EU の EPA についても、早急に準備を進める。

(4)諸外国の EPA の事例を参照しながら、これまで締結してきた EPA よりも相当程度高い自由化率を目指す。

(5)国境措置については、対象品目を絞込むとともに、関税率を引き下げる。差額関税制度については廃止し、単純かつ透明性の高い制度に変更する。

(6)国境措置削減によって発生する産業調整コストへの対応にあたっては、農業における構造改革に資するものに限定し、原則として期間を示した、計画的な措置とすべきである。対象については、所得の大宗を農業に依存している農業経営者を基本とすべきである。

（引用終わり）

　丹羽宇一郎氏は伊藤忠商事会長、その後駐北京日本国特命全権大使などを歴任し、早稲田大学教授、グローバルビジネス学会会長などを務めています。御手洗冨士夫氏はキヤノン株式会社会長を務めたのち第 2 代日本経済団体連合会会長などを歴任しました。両氏とも経済界の重鎮です。八代尚宏氏は OECD シニアエコノミスト、日本経済研究センター主任研究員、上智大学国際関係研究所教授、日本経済研究センター理事長、国際基督教大学教養学部社会科学科教授等を歴任した国際経済学の権威です。また、伊藤隆敏氏も国際経済学の権威で元日本経済学会会長などを歴任、現在はコロンビア大学、政策研究大学院大学の教授です。

　これらの方々が「経済連携協定（EPA）交渉の加速と WTO 交渉の早期妥結に向けて平成 19 年 5 月 9 日」（資料 2 ）の中での主張内容は単純

明快です。戦後自由貿易体制下で経済発展を遂げてきた日本は、自由貿易体制の維持発展に貢献するべきであり、世界第2位の経済大国としてふさわしい貢献を行うべきであると述べています。加えてウルグアイ・ラウンドの関税化についてですが、我が国はコメの関税化拒否によって、ミニマム・アクセスなどを呑まざるを得ない状況に陥り、かえって不利益を受けざるを得なくなった苦い経験を繰り返すことの無いようにすべきであると述べています。そのため主要各国とのEPA交渉やWTO交渉での重要項目として6項目を挙げています。差額関税の廃止は特に名指しで指摘されております。

このように第一次安倍内閣の安倍首相をはじめ関係閣僚、学界、経済界からの錚々たるメンバーが参加した経済財政諮問会議において、「差額関税制度を廃止し単純かつ透明性の高い制度に変更する」としたわけでしたが、長期にわたって廃止されることなく消費者の負担を増やしながら、差額関税制度は存続し続けてきたのです。

経済財政諮問会議の決定に苦慮する農水官僚

この差額関税制度が長期間にわたって維持されてきた点に関しては、行政官僚の怠慢と非難されたとしても全く否定できないことですが、国境措置の変更に関しては、海外各国との交渉が必要であったことも事実です。

たぶん、当時の農水官僚は経済財政諮問会議決定の差額関税廃止と、養豚生産者などが主張する差額関税維持の間で板挟み状態になってしまったのではないかと思います。実際のところ、生産者も後年になって、差額関税制度によって生産者が保護されてきたというわけではなく、通常の関税である従価税または従量税の方がより大きな関税収入となり生産者保護には通常の関税の方が良いということに気が付きましたが、2007年当時は農水省の言うままに差額関税制度によって保護され

ていると誤解していました。

　ところで、WTO農業協定を熟知し、差額関税が協定違反であることを当然知っている農水官僚としては、経済財政諮問会議の決定で「WTO農業協定違反だから差額関税廃止」と言われなかっただけマシだったと思われます。政府内から協定違反などと言われたら、それまで国内外の関係各所を農水省が騙してきたことになるため、絶対に避けなければならないことであったはずです。幸いにも当時は、一部の農水官僚や貿易通商専門家以外には誰も差額関税が農業協定違反であるとは知らなかったことも、農水官僚には幸いでした。その後、差額関税が協定違反すなわち日本国憲法違反であることを指摘したのは、元財務官僚の故志賀櫻氏の『国際条約違反・違憲豚肉の差額関税制度を断罪する —— 農林水産省の欺瞞』（2011年 ISBN 9784827206692 ぱる出版）が最初だったはずです。

　いずれにしても、当時の農水省官僚は、安倍首相が主宰する経済財政諮問会議の差額関税廃止を検討するという決定を無視するわけにはいかないながら、かといって我が国が一方的に差額関税廃止とすれば、国内で差額関税絶対維持を掲げている養豚生産者からの突き上げも怖いというジレンマに陥ってしまいました。そのため経済財政諮問会議の関係者からの実施状況の問い合わせに関しては、「差額関税制度のあり方について検討している」とか、「国境措置は海外との交渉を通じて変えるもの」と説明しながら、生産者に対しては厳格に対応すると説明、輸入商社や食肉流通業者、ハムなどの加工品メーカーに対しては、コンビネーション輸入が有利であると玉虫色の説明をしておりました。

　その後、最終的にWTO農業協定に明白に違反している非関税障壁としての差額関税制度が、豚肉対日輸出の主要国（米、カナダ、メキシコ、EU等）に対して廃止され、コンビネーションを組まない豚肉の単

品輸入が可能なスライド関税（図1参照）になったのは、経済財政諮問会議の決定から12年後、元号が平成から令和に変わった2019年のTPP、日欧EPA、日米貿易協定の成立・発効まで待たなければなりませんでした。

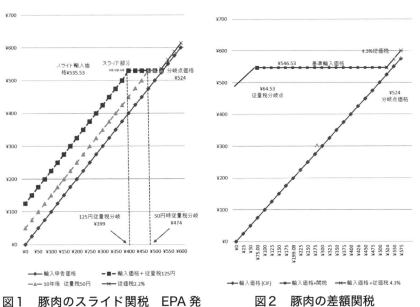

図1　豚肉のスライド関税　EPA発効後

図2　豚肉の差額関税

グローバル化改革専門調査会、EPA・農業ワーキンググループ

　さて、ここで経済財政諮問会議において、差額関税制度廃止の決定の基になっている食料、農業分野の専門家の「グローバル化改革専門調査会、EPA・農業ワーキンググループ」が第一次報告を出すまでの検討内容について、豚肉の差額関税制度に関する事項の解説を試みましょう。このことは最終的に政府が差額関税制度をTPP、EPAや日米協定にお

いて廃止し、厳格適用した場合に輸入禁止的であった差額関税から、従量税125円（初年度〜4年度末まで）のスライド関税制度を採用することになった重要な転換点になっています。

　最初に参加メンバーですが、以下のとおりです（敬称略。肩書は当時のものです）。

	伊藤隆敏	東京大学大学院経済学研究科教授
主査	浦田秀次郎	早稲田大学大学院アジア太平洋研究科教授
	大泉一貫	宮城大学事業構想学部教授
	北岡伸一	東京大学大学院法学政治学研究科教授
	木村福成	慶應義塾大学経済学部教授
	少德敬雄	松下電器産業株式会社客員
		APECビジネス諮問委員会（ABAC）日本委員
	髙木勇樹	農林漁業金融公庫総裁
副主査	本間正義	東京大学大学院農学生命科学研究科教授

　また、政府側からは状況に応じて以下のとおりの高官が会合に参加しておりました（敬称略。肩書は当時のものです）。
　大田弘子　内閣府特命担当大臣（経済財政政策）
　大村秀章　内閣府副大臣（経済財政政策）
　そのほか内閣府、外務省、経済産業省、財務省ならびに農林水産省の局長、局審議官

　このように、グローバル化改革専門調査会、EPA・農業ワーキンググループでは、国際通商法、農業経済学にも通暁したメンバー及び日本国政府の高官によって、我が国の農業改革、EPA、国境措置に関する議論が平成19年1月31日の第一回会合から同年4月23日の第九回会合まで行われました。そして、浦田秀次郎主査「グローバル化改革専門調査会EPA・農業ワーキンググループ　第一次報告 —— EPA交渉の加速、農業

改革の強化」平成19年５月８日（資料３）が同年５月８日に発表され、翌５月９日には伊藤隆敏会長「グローバル化改革専門調査会第一次報告 ― グローバル化の活力を成長へ ―」（資料４）が発表されました。

　　（引用：グローバル化改革専門調査会　EPA・農業ワーキンググループ第一次報告 ―― EPA交渉の加速、農業改革の強化　６ページ目　資料３）
　　（引用：グローバル化改革専門調査会第一次報告 ― グローバル化の活力を成長へ ―　８ページ目　資料４）
２．国境措置のあり方
⑵国境措置の合理化
　　国境措置を必要とするものについては、存在理由を明確にしたうえで徹底的な合理化を図るべきである。特に、国境措置のうち、関税として**豚肉及び関連製品に適用されている差額関税制度は、制度が複雑であるため、不正行為（巨額な脱税）が見受けられる。**また、関税割当は、一定の輸入数量の枠を超える輸入分につき比較的高い税率が適用されており、合理化の余地がある。ミニマム・アクセスについては、毎年一定量の米が輸入されているが、結果的に、在庫が増加しており、毎年、巨額の保管コスト等が生じている。**こういった状況を踏まえ、差額関税制度については廃止し、単純かつ透明性の高い制度に変更すべきである。**また、関税割当については、一次税率枠、二次税率のあり方も含め見直しを行うべきである。また、ミニマム・アクセスについても見直す必要がある。
　　（引用終わり　下線筆者　資料３、４とも同じ文章）

　　その内容については、URの関税化の特例措置として、唯一関税化を免れたコメがミニマム・アクセスなどで却って不利な条件をのまざるを得なかったことなどへの反省と自由貿易の利益を享受してきた日本が自由貿易交渉でリーダーシップをとるべきである。また、諮問会議におい

てはコメ同様に名指しで豚肉の"差額関税制度については廃止し、単純かつ透明性の高い制度に変更すべきである"と述べられています。

　また、先にも述べましたが、ここで出てくる不正行為とは厳密にいえば国内法に違反する所得税法違反などがそれに当たると考えられます。筆者は、これらの国内法に基づく不正とは異なり、WTO農業協定に違反している差額関税制度によって分岐点価格で輸入せざるを得なかった輸入企業が、適正な商社利潤で国内に輸入豚肉を販売したことを国内法的不正と同一視してはならないと考えます。

　加えて、このEPA・農業ワーキンググループには、内閣府から大臣と副大臣、主要省庁から局長、審議官なども会合に参加しておりましたし、メンバーの、髙木勇樹氏は農水省畜産局長、事務次官を歴任されたまさに畜産行政のプロ中のプロでした。ところが、その中の誰一人として「差額関税廃止」に対して、異論も意見も出しませんでした。筆者は、政府高官に多少なりとも意見があれば「廃止」という強く断定的な言葉ではなく、「改定」とか「緩和」とか先行き何とでも言い逃れができる官僚的な言葉にできたはずだったと思うのです。この点に関してですが、このEPA・農業ワーキンググループに参加した全てのメンバーや政府高官は差額関税がWTO農業協定に違反していることを知っていたのではないか、そのために「差額関税廃止」という強く断定的な決定をしたのではないかと考えています。

　さて、この会合の中で、差額関税制度に関して話し合われたところを抜き出して見てみましょう。

第1回EPA・農業ワーキンググループ議事要旨
（16ページ目　資料5）：2007年1月31日
発言者（伊藤隆敏メンバー）

（引用）

　それから第2点は、国境措置で、国境措置もいろいろあるわけだが、国境措置を実施するのであれば、なるべく合理的な方法にしたらどうか。合理的な方法というのは単純な関税だと思う。これは非常に透明性も高いし、何かしなくてはいけないのであれば、効率的な方法であると。輸入割り当てであるとか、**それから差額関税といった制度というのは非常に不透明だし、効率的ではないシステムだと思う。差額関税については非常に大きな不正があったということで、これは報道されているし、よく考えればインセンティブが高いシステムになっているわけで、こういうものは、まずすべて単純な関税に転換するということが必要ではないか。それから、国境措置をどうせ実施するのであれば一番透明性の高い効率的なものにしようと。**

（引用終わり　下線筆者）

　この項では、下線で強調しましたが、元日本経済学会会長で、国際金融、国際通商法の権威である伊藤隆敏メンバー（現コロンビア大学教授、政策研究大学院大学教授）が、差額関税制度を非常に不透明で効率的でないと指摘し、透明性の高い効率的なものにしようと述べていることに筆者は注意が必要だと思っています。

第2回EPA・農業ワーキンググループ議事要旨
（14ページ目　資料6）：2007年2月7日
発言者（木村福成メンバー）

（引用）

　農業等への悪影響という言葉が使われたが、単純な経済学の議論をもう一回確認させていただきたい。ここで言っている直接的影響、あるいは悪影響は、関税、あるいはその他の貿易障壁を撤廃することにより、価格が下がって、それで国内の農業セクターが縮小

する、その部分を直接的影響と言っている。経済学の議論における悪影響というのは、もちろん農業セクターが小さくなるということもある意味では悪影響かもしれないが、実はコインの反対側を見ると消費者はこれより大きな損害を、コストを毎年負担していると、いうことになっている。つまり、貿易保護のための国境措置すなわち関税をかけられると、輸入するものも国内のものも全部価格が上がり、必要以上のコストを消費者がいつも負担しているというのが国全体としてのバランスになっている。どういう立場を取るにしても、それも考慮して我々は考えていかなければいけないのではないか。

（引用終わり）

　この発言は、木村福成氏（現慶應義塾大学経済学部教授、東アジア・アセアン経済研究センター〈ERIA〉チーフエコノミスト）によるものです。木村教授は、えてして国境措置の撤廃や軽減が農業等に悪影響を与えるということのみ言われていますが、逆に消費者は貿易保護のための国境措置によって、必要以上のコストを負担させられているとも指摘しています。そのため、それも考慮して考えていかなければならないと述べています。筆者は、至極もっともな発言であると思います。過去の通商交渉では、ともすれば、声の大きい団体や族議員の主張する方向に政策が流れやすかったと考えますが、サイレントマジョリティの消費者の保護も必要であるとのバランスのとれた発言だと思います。

　さて、次の第７回の会合で、差額関税制度の問題について、非常に不透明であり、より透明性の高い国境措置（通常の関税）に是正していくべきであるとの更なる論議がなされました。長い引用になりますが、重要ですので、そのまま記載します。

第7回EPA・農業ワーキンググループ議事要旨

（20ページ目　資料7）：2007年4月11日

発言者（本間正義　副主査）（浦田秀次郎　主査）（佐藤正典総括審議官〈国際〉農水省）

　（引用）

　（本間副主査）国境措置の在り方について、いわゆる関税の水準そのものについて説明いただいた。関税化したとはいえ、さまざまな形の国境措置が残り、例えば豚肉の差額関税制度だとか、関税割当制度等々の、言わばストレートに関税だけではない、ある種、変化球というか、変形がある。そうしたところも非常に不透明な部分が残っている。豚肉の差額関税制度については、事件が起きたりしているわけで、そういうところを含めて、もっと透明性の高いものであって、なおかつ、それが国民的に納得できるものにしていく必要がある。

　（浦田主査）佐藤総括審議官、この点についてはいかがか。

　（佐藤総括審議官）今、関税割当の制度の話が出たが、関税割当の制度というのは多くの国でやっている制度である。今の交渉の中でもセンシティブ品目、重要品目については、関税割当の拡大という要素も含めて対応していくという議論がなされており、関税割当そのものについては、広く国際社会の中で認知されている。勿論、割当の量が多い少ないという議論はそれぞれ輸出国、輸入国の中であるが、関税割当制度そのものは一般的なものである。差額関税の制度についても、指摘のような事件が起こっているが、これについては厳正に運用していかなければいけないと思っている。制度については、今、関係の農家の方、あるいは貿易関係の方、消費者の方々等から意見を聞いているところであり、ドーハ・ラウンドの交渉の機会を通じ、改善の方向を研究していきたい。

　（浦田主査）関税割当がほかの国でも使われているから、日本が使ってもいいのではないかという、改革を目指す農林水産省として

はやや後ろ向きかなという気はする。それは置いておいて、**差額関税というのはほかの国でも使われているのか。**

（佐藤総括審議官）これは、ウルグアイ・ラウンドのときにさまざまな輸出国と私どもとの交渉の中で、その合意の下につくられてきた制度であり、譲許交渉を通じ、加盟国全体にお認めいただいた制度である。それで、運用してみて、やはり幾つか問題が出てきているので、その部分についてはよく検討していかなければならないと思っている。

（浦田主査）**ほかの国では使われていないのか。**

（佐藤総括審議官）**全くないのかということは承知していない。**

（本間副主査）関税割当は、ウルグアイ・ラウンドで関税化する際に、その前にクォータ、つまり数量割当で残っていた部分をそのまま関税割当に移行し、その２次関税を多くのものについてどんと高く設定するという形で関税化した結果である。しかし、実質的な貿易拡大に結び付いていないという実態が、勿論、日本だけではなくて、各国にある。そういうことも含め、**我々はダーティー・タリフケーションというような言い方をした。**ウルグアイ・ラウンドのときにはイニシエーションというか、関税化を導入するために必要だった措置ではあるが、ゆくゆくは撤廃する方向で持っていくというのが WTO の趣旨に沿ったことでもあり、そういうことを含めて今後検討をお願いしたい。

（引用終わり　下線筆者）

第７回会合においては、差額関税と関税割り当てについて重要な議論が行われました。問題提起をした本間正義副主査（東大教授〈当時〉）は、2010年度日本農業経済学会の会長を務め、内閣府の規制改革推進会議や国家戦略特区の専門委員を務める農業経済学の権威です。この本間教授が述べたのは、差額関税と関税割り当てがストレートな関税ではなく、不透明な変形のある関税であり、もっと透明性のある国民に納得

できるものにしていく必要があると述べています。その発言を受けて、浦田主査は農林水産省から派遣された佐藤総括審議官（国際担当）に対して、「差額関税は他国にもあるのか」と２度にわたって明確に質問しておりますが、佐藤総括審議官は返答できずに１度目は質問の主旨からは外れた返答を行い、２度目は「分かりません」と言うべきところを「全くないのかということは承知していない」と鈍い返答を行っています。実際のところは、差額関税はWTOで禁止された非関税障壁である「最低輸入価格」または「可変課徴金」であるため、他国に同様な制度は存在していないことは、農水省の国際担当総括審議官であれば当然知っていたはず、いや、知っていなければならない事項であるため、非常に苦しい返答になったものと思われます。

　なお、浦田秀次郎主査（早稲田大学大学院アジア太平洋研究科教授〈当時〉）は、内閣府の他に経済産業省、外務省、文科省などで数々の委員を務められている国際経済学の権威です。さて、次の第８回会合において、更に多くのメンバーから差額関税の廃止が言われ、最後には日本国政府の高官である内閣府経済財政副大臣からも差額関税廃止との判断がなされました。

第８回EPA・農業ワーキンググループ議事要旨

（９ページ目　資料８）：2007年４月16日
発言者（浦田秀次郎　主査）（木村福成メンバー）（大村秀章内閣府経済財政担当副大臣）（髙木勇樹メンバー）（伊藤隆敏メンバー）

　　（引用）

　　（浦田主査）それでは、差額関税、関税割当についてはどうするか。例えば、完全合理化の観点から廃止も含め見直すべきであるとか、これはどうしたらいいか。

　　（木村メンバー）完全合理化の観点から、整理すべきであるとか。

　　（浦田主査）どうするか。まず、合理化の観点から廃止すべきであるか。

（木村メンバー）**廃止すべき。**

　（大村副大臣）関税割当を全部廃止ということは、要は関税がどうなるということか。ウルグアイ・ラウンドで関税化したものも、全部やめておくということを意味することになる。

　（髙木メンバー）そうなる。この間の話を聞いていると、要するに国際的にも関税割当は全く否定されているわけではないと。

　（大村副大臣）例えば、米でも全部廃止か。

　（浦田主査）廃止も含め、見直すべきであるとしてよいか。

　（伊藤メンバー）**差額関税を廃止にしよう。**関税割当の方は見直しでもいいかもしれない。

　（浦田主査）**差額関税は廃止すべきであり**、関税割当は今のところこのままに残しておく。

　（大村副大臣）国境措置の関税として、差額関税制度で不正行為が見受けられる。

　（浦田主査）**差額関税は廃止**にすべきであるか。

　（伊藤メンバー）ので、**廃止である。**

　（大村副大臣）**廃止するべきである。**

　（浦田主査）また、関税割当では一定のということで。

　（大村副大臣）関税割当は、関税合理化の観点から廃止も含め見直すべきである。

　（浦田主査）それでは、農業の構造改革に移りたい。

　（引用終わり）

　ここでは、最初に関税割り当てと差額関税を廃止するかどうかが議論されました。関税割り当ては、WTO農業協定で禁止された輸入割り当てという非関税障壁の割り当て部分を関税化して存続したという経緯がありましたので、他のWTO加盟国においても採用されている国境措置です。そのため議論の流れから、関税割り当てに関しては廃止ではなく、廃止も含め見直しということになりました。

　次に差額関税についてですが、議事録にあるとおり、「廃止するべきである」との議論に収束し、最終的には大村副大臣も「廃止するべきである」とのことで一致を見ました。なお、副大臣の任免は内閣が行い、天皇がこれを認証する認証官であり、国務大臣が不在の時にはその職務を代行できるなど、日本政府内の重要なポストであります。その副大臣が初めて「差額関税は廃止するべきである」と述べたことは非常に重要なことです。また、髙木勇樹メンバーは、1994年から畜産局長、大臣官房長、食糧庁長官を歴任し、1998年事務次官となった農水官僚で、当時は農林漁業金融公庫総裁を務めていました。このような農水官僚のエリートがメンバーの一人として決定した「差額関税廃止」への議論の収束は、副大臣の発言同様に非常に重いものと筆者は、強く思っています。なお大村副大臣も元農水官僚で現在は愛知県知事を務めています。

　EPA・農業ワーキンググループの会合はその後2007年4月23日に行われた第9回会合を区切りとして一旦は第一次報告のとりまとめのために同年9月11日の第10回会合まで休止となりました。

　さて、差額関税廃止でまとまったEPA・農業ワーキンググループの提言ですが、その第一次報告発表前に行われた、第2回グローバル化改革専門調査会において浦田会長代理が冒頭に第一次報告（案）の説明を行い、差額関税制度については次のように述べています。

第2回グローバル化改革専門調査会議事要旨
（4ページ目　資料9）：2007年5月8日
　　（引用）
　　　続いて「2．国境措置のあり方」である。ここでは、EPAだけではなく、WTOの枠組みの中での国境措置のあり方についても言及している。
　　　国境措置に対する基本的な考え方だが、8ページを御覧いただき

たい。国境措置については、その経済合理性を吟味し、対象品目、関税率とも最小限にとどめるべきであろうという我々の提言がある。

　また、国境措置を合理化しなければいけないということが次に書かれている。現在、実施されている国境措置の中には、差額関税のような、非常に不透明な措置が含まれている。これは撤廃することを考えるべきであろうという提言を行っている。

（引用終わり）

　これは第2回EPA・農業ワーキンググループにおいて木村メンバーが指摘した消費者は貿易保護のための国境措置によって必要以上のコストを負担させられているとの発言が基になっていると考えます。消費者の保護を考えずに、声の大きい団体や族議員の主張する方向に政策が流れていかないようにするとともに、非常に不透明な差額関税の撤廃を主張しています。

　この議論の内容と第一次報告の内容については、内閣府のホームページ（以下）で詳細が確認可能です。https://www5.cao.go.jp/keizai-shimon/special/global/epa/index.html

　最終的には平成19（2007）年5月8日にグローバル化改革専門調査会第一次報告が公表され、当初に記述したとおり、同年5月9日、英知を集めた第12回経済財政諮問会議において、安倍晋三議長（内閣総理大臣）の元、豚肉の「差額関税廃止を検討すること」が決定されました。

　なお、この経済財政諮問会議においても、安倍総理をはじめ、主務官庁である農林水産省の松岡利勝大臣、関税を主管する財務省の尾身幸次大臣、貿易・通商を主管とする経済産業省の甘利明大臣の誰一人からも

異議を唱えず、反論も出ず、改正でも修正でもなく「差額関税廃止を検討する」と決定されたことは非常に重大なことであったと考えています。

また、その後の6月19日に閣議決定を経た上で、**"経済財政改革の基本方針2007〜「美しい国」へのシナリオ〜"（資料10）**においても、特に豚肉の差額関税制度だけを名指しで「差額関税制度の在り方について検討する」（16ページ）と発表されたのです。

なお、経済財政改革の基本方針2007においては「豚肉の」が省略されて「差額関税制度」としか記載されていませんが、世界の中で唯一日本にだけあるのが「豚肉」の差額関税制度ですので、「<u>豚肉の</u>差額関税制度の在り方について検討する」と全く同じ意味です。

加えてEPA・農業ワーキンググループから経済財政諮問会議までの会合では、全て「差額関税の<u>廃止</u>を検討する」と公表されていましたが、経済財政改革の基本方針2007では「差額関税制度の<u>在り方</u>について検討する」になっています。強く・断定的な「廃止」という言葉を弱く・若干曖昧な「在り方」という言葉に変更しています。

しかしながら、1月31日に始まった第1回EPA・農業ワーキンググループの専門家会合から、5月8日の安倍首相が議長を務めた第12回経済財政諮問会議まで一貫して「廃止」としておりましたので、「在り方」の意味は「廃止」と捉えて良いと私は考えます。その後のTPPや日・EU経済連携協定、日米貿易協定において実質的に差額関税制度が廃止されましたが、そこに至るまでの道筋が、農水官僚に対するこの「廃止」という言葉の重さを物語っています。

ともあれ、経済財政改革の基本方針2007では「在り方を検討する」

になっているためなのか、6月19日に発表されて以降の第14回EPA・農業ワーキンググループの会合でのやり取りは、表面上は誰がみても農水省としてはやる気がないようにしか見えない内容となっています。

　しかしながら、先述のとおり、当時の農水省官僚は、安倍首相が主宰する経済財政諮問会議の「差額関税廃止」を無視できず、かといって我が国が一方的に差額関税廃止とすれば、養豚生産者や農林族議員からの突き上げも怖いというジレンマに陥ってしまいました。

第14回EPA・農業ワーキンググループ議事要旨
（18ページ目　資料11）：2007年11月15日
発言者（浦田秀次郎主査）（本間正義副主査）（山下正行審議官〈国際〉農水省大臣官房）
　（引用）
　○本間副主査　個別のことでお聞きしたいのだが、「基本方針2007」、資料3にあるように、国境措置で差額関税制度の在り方について検討するということになっているわけだけれども、山下審議官、これは具体的にどういう検討状況なのか教えて頂きたい。
　○山下審議官（農林水産省）　WTOのコンテクストの中で、我が国の豚肉の差額関税制度について今後どうするのかを検討していくということになっていて、国内でも関係者等と意見交換を行った。WTOの交渉の中でもこれを踏まえて検討しているという状況である。まだWTOの交渉は続いているので、今ここでどうするかということについては、関係国もあることから、なかなか申し上げるわけにはいかないと思う。検討はしているということである。
　○浦田主査　WTOの分野別というと、ルールのところで検討するのか。
　○山下審議官（農林水産省）　これはWTOの農業交渉の中で日本がどうするのかという問題で、豚肉の関税の在り方については、恐

らく譲許表でどういうふうに対処するのかということになると思う。

○本間副主査　交渉事としてはまさにそうなのだろうが、さまざまな国内的な問題点も指摘されている。交渉でどうするか、カードに使う、使わないということだけではなくて、やはり制度自体の問題点というのは指摘されているわけであるから、そういう意味では国内問題として検討する必要があるのではないか。国内への影響とか制度の透明性ということで、交渉相手ということとは別の検討をすべきだというのが、ここの1つのメッセージでもあると思うのだが。

○山下審議官（農林水産省）　制度自体の透明性の話であるとか、国内に与える影響などについて検討中ということである。

○浦田主査　農林水産省の中で、実際にこの問題について協議をしているということでよろしいか。

○山下審議官（農林水産省）　農林水産省と関係の団体等で意見交換をしたということである。

○浦田主査　では、委員会みたいなものを立ち上げてやっていらっしゃるのか。

○山下審議官（農林水産省）　そこまではしていないと思うが、話し合いをしたということである。

（引用終わり）

　この第14回会合では、第一次報告でワーキンググループがまとめた「差額関税廃止」を基にした経済財政改革の基本方針2007「差額関税制度の在り方について検討する」に関しての提言の実施状況の質問がなされました。しかしながら、農水省の山下審議官は、「意見交換をしています」とか「話し合いをしています」など単に検討をしていることを述べているだけです。これは単なる時間稼ぎだったのか、のらりくらりと逃げていたのか分かりませんが、いずれにしても農水省としては、当時

は差額廃止という決定に対して対応に苦慮していたということはよくわかります。

　そのため経済財政諮問会議の関係者から実施状況に関しての質問には、「差額関税制度のあり方について検討している」とか、「国境措置は海外との交渉を通じて変えるもの」と回答し時間を稼ぎながら、生産者に対しては差額関税を厳格に対応すると説明、輸入商社や食肉流通業者、ハムなどの加工品メーカーに対しては、コンビネーション輸入が有利であると玉虫色の説明をしておりました。

　その後、先に述べたとおりに最終的には差額関税制度が、対日豚肉輸出の主要国（米、カナダ、メキシコ、EU 等）に対して廃止され、コンビネーションを組まない豚肉の単品輸入が可能なスライド関税（図 1 参照）に移行し、一部の EPA 外の豚肉供給国からの輸入を除き、条約違反・違憲状態が解消したのは、経済財政諮問会議において「差額関税廃止の検討」との決定から 12 年後、元号が平成から令和に変わった 2019 年の TPP、日欧 EPA、日米貿易協定の成立・発効まで待たなければなりませんでした。

15 WTOで禁止された差額関税制度を質す質問主意書

日本の恥！　内閣のビックリ答弁

　2018年5月11日に森山衆院議員より内閣に向けて差額関税制度に関する質問主意書が提出されました。実はこの質問に対する答弁書には、国際経済法を専門にする法学者ならだれでもビックリするような条約を歪曲する内容が書かれています。日本のみならず、海外の経済学者や国際法学者が見たらあきれて物が言えない状態になるのは必至です。幸いなことに、この日本語で書かれた答弁書に気づいた海外の学者はいませんので、いまのところは、日本政府は大恥をかかなくて済んでいます。

　この驚くべき内容について説明する前に、質問主意書とは何か、答弁書とは何かということをお話ししたいと思います。読者の多くの方々は、初めてこの名前を聞かれた方も多いかと思います。国会議員には、国会法第74条の規定によって、文書によって政府の見解を質したり、必要な情報提供を政府に求めたりする質問ができるという権利があります。この質問文書を「質問主意書」と呼びます。

　国会議員が政府に質問したいときや情報提供を要求したい時には、最初に衆参議長に対して議員が作成した質問主意書を提出します。その後、承認を受けた質問主意書は、立法の長である衆院議長または参院議長名で、行政の長である内閣総理大臣に送られます。

　内閣は、質問主意書を受理してから7日以内に、答弁書によって回答しなければならない規定になっています。さらに重要なことは全ての質

問主意書に対する答弁書は、閣議決定する義務を負っているのです。質問主意書と答弁書は非常に重要な文書なのです。

　なお、これらの文書は、質問した議員の所属する国会（衆議院または参議院）のホームページで公表されていますので、どなたでも内容を読むことができます。

　さて、早速、質問主意書と答弁書の内容について解説していきましょう。全てを引用すると分量も多く、煩雑になりますので、重要なところから抜粋して、質問とそれへの答弁を示してあります。そして、その答弁の後に私の解説を記述しました。もし質問主意書と答弁書全文をお読みになりたい場合には、ホームページアドレスを記載しましたので、そちらからアクセスするか「差額関税　質問主意書」で検索して頂ければアクセス可能です。

（引用と解説）
　平成三十年五月十一日受領　答弁第二四七号
　内閣衆質一九六第二四七号　平成三十年五月十一日

森山浩行衆院議員提出　豚肉の差額関税制度に関する質問主意書

http://www.shugiin.go.jp/internet/itdb_shitsumon.nsf/html/shitsumon/a196247.htm

　豚肉の差額関税制度について、次の通り質問する。

　一　関連する用語について、次の通り質問する。
（一）　WTO（世界貿易機関）農業協定第四条二における通常の関税、同項の（注）における可変輸入課徴金、最低輸入価格とは、それぞれど

のようなものか説明ありたい。

（四）　従価税、従量税に関し次の定義で差し支えないか。

　従価税とは、輸入価格に対し、一定の割合で課す租税（輸入価格×○パーセント）であり、従量税とは、輸入貨物の重量等に対し、一定の金額で課す租税（例えば、重量を課税標準とする場合、重量×○円/kgである。）である。なお、従価税の場合には、輸入価格に対する関税額の割合を従価税の「税率」といい、重量を課税標準とする従量税の場合には、一キログラム当たりの関税額を従量税の「税率」という。

政府答弁「通常の関税」とは：

一の（一）について

　世界貿易機関を設立するマラケシュ協定（平成六年条約第十五号）附属書一Aの農業に関する協定（以下単に「協定」という。）では、お尋ねの「通常の関税」、「可変輸入課徴金」及び「最低輸入価格」について特段の定義規定は設けられていないが、一般的には、「通常の関税」とは、世界貿易機関を設立するマラケシュ協定に附属する各国の譲許表の税率欄に関税率が記載されている一般の関税、「可変輸入課徴金」とは、輸入貨物に課せられる一種の課徴金であって、その金額が個別の法令上又は行政上の措置を要しない仕組みにより自動的に絶えず変化し、かつ、不透明で予測不可能なもの、「最低輸入価格」とは、輸入貨物の価格としきい値価格との差額に基づいて決定される関税を課することによって、当該輸入貨物が当該しきい値価格を下回って国内市場に入ることのないようにする措置と考えられている。

筆者解説：

　譲許表とは国家間の交渉で定めた条約の関税率について直接適用して

記した表です。日本国の譲許表では524円（分岐点価格）までは従量税482円/kg、分岐点価格以上であれば従価税4.3%と規定しています。筆者が譲許表を作図したところ以下のような図1になりました。

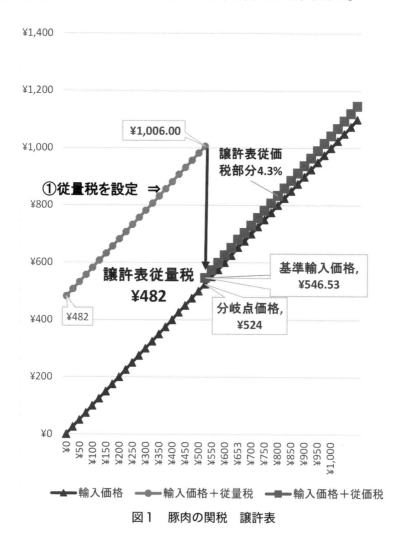

図1　豚肉の関税　譲許表

　政府はこれを一般的な「通常の関税」と答弁していますが、単純に皆さんには、これが一般的な関税に見えるでしょうか？　私には「異常な関税」としか見えません。WTO農業協定が認める「通常の関税」とは、従価税、従量税またはその混合税ですが、常識をもって考えればどう頑張ったって日本の譲許表が「通常の関税」であるとは絶対に言えるはずはありません。

　これでは分岐点価格524円で輸入申告した場合の関税が、従量税482円か、それとも従価税4.3％（22.53円）のどちらを適用するかどうかが大きな問題になるのはご覧のとおりです。そのため、図2にあるとおり、キロ64.53円から524円までの従量税を値引きしたとして、再び差額関税を復活してしまいました。従量税が消えて、関税率の定まらない従量税では無い怪物「差額関税」が蘇ったのです。

　たとえ譲許表に通常の関税（従価税や従量税）を記載したのちに値引きしたとしても、その運用を元の非関税障壁に類する国境措置（差額関税制度）を適用していれば、農業協定4条2に規定している**「再びとってはならない」（外務省訳）**に違背しているということになります。「再びとってしまった」結果が次頁の図2のような現行の差額関税制度なのです。

政府答弁にある「可変輸入課徴金」とは：

「可変輸入課徴金とは、輸入貨物に課せられる一種の課徴金であって、その金額が個別の法令上又は行政上の措置を要しない仕組みにより自動的に絶えず変化し、かつ、不透明で予測不可能なもの」と答弁しています。

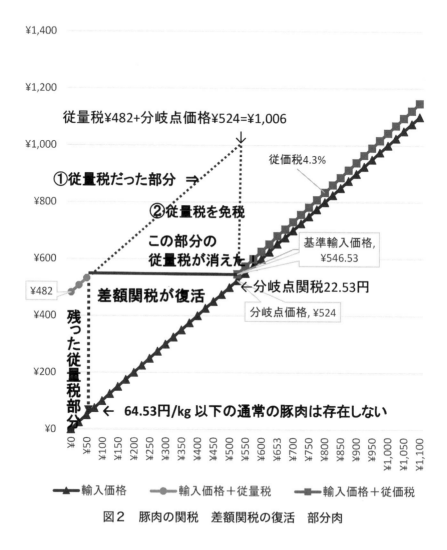

図２　豚肉の関税　差額関税の復活　部分肉

筆者の検証と解説

　次に可変輸入課徴金に関する政府答弁書の解釈ですが、全くのビックリ解釈です。可変輸入課徴金とは、WTO農業協定４条２項において名指しで禁止された非関税障壁です。

　この可変課徴金に類する制度であるとWTO交渉（UR交渉）で海外から指摘された日本の農水省は、結果的に当時の旧差額関税制度が可変課徴金に類するものであることを認めて差額関税制度を廃止したと公表しました。それが廃止から一転復活したのですが、この点については別途解説いたします。

　日本でも海外でも国際経済法の学者や通商関係の官僚の多くが認める国際的に規定されている可変課徴金の定義は「輸入申告価格ごとに関税率が変化し、海外の市場価格が国内市場価格に反映されない不透明で予測不可能なもの」です。

　例えば、牛肉、豚肉、鶏肉などの食肉の国際取引は一般的に米ドルで行われています。日本の貿易商社が、北米のみならず欧州や中南米、オセアニアなどの食肉輸出企業から輸入をする場合に、米ドルで決済するのが一般的なのです。しかしながら、差額関税制度下で豚肉を一般的な取引のように米ドルで行うと為替レート（通関レート）の変動によって、輸入通関価格は、自動的に絶えず変化するわけです。従って、輸入通関時の差額関税率は自動的に絶えず変化するため不透明で予測不可能となっているのです。

　そのために、どのような不都合が生じているのでしょうか。日本の輸入商社は牛肉や鶏肉などは米ドルベースで直接パッカー（食肉生産企業）から輸入していますが、豚肉は米ドル単価では関税率が予測不可能

になり輸入コストが変動するため、パッカーから直接輸入できないという問題が出ています。

　加えて、関税を最小にするためには政府が認めるコンビネーション輸入（分岐点価格輸入）にせざるを得ない、すなわち政府の定める統制価格である分岐点価格524円/kgで円ベースで輸入価格を設定せざるを得ないのです。ほとんどの海外のパッカーはドル建てでしか輸出しません。そのため、最も関税の小さい分岐点価格524円でのインボイス（送り状：請求書）を発行できる海外のトレーダーをパッカーとの中間に起用せざるを得ないという不利益が生じています。この中間に入ってくるトレーダーの利益は当然輸出国側に帰属し、結果的に、そのコストをも日本国民が負担する状況が続いているわけです。

　それに加えて更にもう一つ、分岐点価格の急激な上昇によって関税率の大幅な上昇を伴う関税緊急措置（いわゆるセーフガード：SG）の問題もあります。これは、欧州でのBSE問題から牛肉消費が減少し、豚肉消費が増大した2001年度から2004年度まで分岐点価格が524円から653円に上昇したことがありました。それによって当時の輸入豚肉の市場は大混乱しましたが、このSGもいつ発動されるか予測不可能であり、差額関税制度は非常に不透明な措置なのです。

政府答弁

「最低輸入価格」とは、輸入貨物の価格としきい値価格との差額に基づいて決定される関税を課することによって、当該輸入貨物が当該しきい値価格を下回って国内市場に入ることのないようにする措置と考えられている。

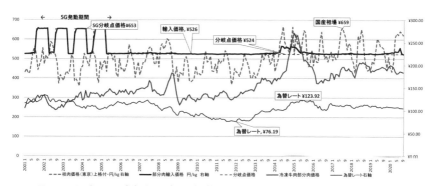

図3　豚肉　国産相場　輸入価格、分岐点価格、為替レートの推移
出典　国産相場：ALIC、輸入価格：財務省貿易統計、為替レートは各月の終値

筆者検証と解説

　分かりにくい官僚言葉ですが、簡単に解説しますと、輸入申告価格と基準輸入価格（分岐点価格＋従価税）との差額を徴収することによって、基準輸入価格を下回って国内市場に入ることが無いようにする制度が最低輸入価格ということになります。

　輸入価格の推移を見れば、昭和46年の豚肉輸入自由化以降、長いあいだ輸入豚肉の価格が分岐点価格（524円）すなわち最低輸入価格（基準輸入価格）に貼り付いています。関税緊急措置（SG）の時もSG分岐点価格すなわちSG時の最低輸入価格（SG基準輸入価格）に貼り付いています。その点を普通に見れば、まさしく最低輸入価格制度なのです。なにしろ最低輸入価格以下では絶対に輸入できないからです。最低輸入価格より低く申告すれば差額が徴収されるのです。

　政府はコンビネーション輸入によって最低輸入価格以下の豚肉が輸入されることをもって、差額関税制度は最低輸入価格ではないと主張しています。コンビネーション輸入は、我が国の法律にも国際条約にも基づかない輸入方法であり、高い物品と安い物品を組み合わせて平均単価で

輸入可能というのは、本来の製品の価格が曖昧になってしまい脱税の温床となるため、税関はこのような輸入を本来はさせずに個別で申告するように輸入業者を指導するのが通常です。また、事実上、国の決めた統制価格（分岐点価格）で輸入申告をさせるコンビネーション輸入そのものも WTO の禁止する非関税障壁に当たる可能性すらあるのです。

　例えば、ルイ・ヴィトンのバッグと中国製のバッグを一緒にして平均単価で輸入することが許されるはずはありません。このような場合には税関は、個別の単価で輸入申告するように通関業者や輸入業者に指導することが普通です。しかしながら、豚肉のヒレ・ロースと小間切れを一緒にして平均単価で輸入申告を許可しているようなことは非常に異常な輸入形態であるといえるわけです。

　また、通常の商取引行為において、相場の変動、商品価値の下落、ダンピング販売などによって輸入コストを下回って売買がなされることはよくあることであり、最低輸入価格より安く国内で流通することもあり得るわけです。従って、基準輸入価格より安く流通する豚肉があるということを理由に、差額関税制度が最低輸入価格ではないということはできないと考えます。このようなへ理屈を使って差額関税制度は最低価格ではないとすれば、最低価格はどこにも存在しないことになります。

　繰り返しますが、「在庫過多などのため最低価格より安価で販売せざるを得ないような輸入豚肉はどこにでもありますので、それを見つけて、我が国には最低輸入価格より安価な輸入品が存在するので、我が国の差額関税制度は最低輸入価格ではない」という理屈になるからです。これが合理的な条約の解釈といえるのでしょうか？　誰もが条約に規定された制度を勝手に解釈してよいというものではありません。特に自由貿易を標榜する日本が、このような貿易歪曲的へ理屈を閣議決定された答弁書に堂々と記述するなど、怒りを通り越して誠に失望の念を禁じ得

ません。日本は何という国になってしまったのでしょうか？

　また、当初の差額関税の制度設計は枝肉ベースで行われており、豚枝肉に関しては、コンビネーションを組もうにも、枝肉にはヒレもロースも無いためコンビネーション輸入は不可能です。そのため差額関税制度は、基準輸入価格409.9円/kgと輸入価格との差額を徴収する最低輸入価格制度として完全に機能するため、商業的な豚枝肉の輸入は現行差額関税制度の下では皆無であり、ほんの一部の特殊な高価な豚肉を除き輸入はされてこない状況になっています。豚枝肉の輸入は最低輸入価格によって、すべての輸入枝肉が通関経費を算入すると国産豚肉を超える高コストになるため、ビジネスが成り立たず輸入は全くできなかったのです。

答弁書　一の（四）について

　関税において、従価税とは、一般に、輸入貨物の価格を課税標準として税額が決定されるものをいい、その課税標準に乗ずる一定の割合を従価税率という。また、従量税とは、一般に、輸入貨物の数量を課税標準として税額が決定されるものをいい、その課税標準に乗ずる一定の数量単位当たりの金額を従量税率という。

筆者検証と解説

　これには筆者はなにも言うことはありません。通常の関税、可変輸入課徴金、最低輸入価格に関してのムチャクチャな答弁に比べると誠に立派な答弁と考えます。なお、**“通常の関税”**の基本である従価税、従量税ですが、**“関税率が一定”**に定まっているため輸入申告価格（従価税）や輸入数量（従量税）ごとの関税額は定まります。この予測可能で透明な一定の関税率である従価税と従量税及びその混合税が基本的に通常の

関税であるとされています。そして WTO 農業協定では、加盟国は一部の例外品目（例えばコメなど）を除き全ての非関税障壁を廃止し、通常の関税に転換する義務を負っています。

さて、次に UR 合意における差額関税制度の扱いに関する質問主意書の解説を試みましょう。こちらも質問主意書の重要部分を抜粋し、それに対する政府の答弁を記述した上で、解説をしています。

（引用と解説）
平成三十年四月二十三日提出　質問第二四八号

ウルグアイ・ラウンド合意における豚肉の扱いに関する質問主意書

http://www.shugiin.go.jp/internet/itdb_shitsumon_pdf_s.nsf/html/shitsumon/pdfS/a196248.pdf/$File/a196248.pdf

質問主意書：

　一　複数の農林水産省の資料、平成十一年「農産物貿易レポート（要旨）」（農林水産省）、平成十二年「WTO 農業交渉の課題と論点」（農林水産省）、「平成六年度版食料白書、ガット農業合意と食料・農業問題」（永村武美農水省元畜産部長記述）などにおいて、豚肉の輸入については「UR（ウルグアイ・ラウンド）において関税化した」との記述がある。

　　（一）　「関税化」とは、WTO（世界貿易機関）農業協定第四条二における「通常の関税に転換することが要求された措置その他これに類するいかなる措置」から「通常の関税」への転換を意味すると理解して差し支えないか。

　　（二）　WTO 協定締結により、ウルグアイ・ラウンド合意以前の豚

　　肉の差額関税制度は「関税化」された事を確認ありたい。
（三）　WTO農業協定第四条二によって、関税化された品目をすべ
　　て列挙ありたい。
（四）　ウルグアイ・ラウンド合意以前の豚肉の差額関税制度は、
　　WTO農業協定第四条二における「通常の関税に転換すること
　　が要求された措置その他これに類するいかなる措置」か。その
　　場合、WTO農業協定第四条二（注）で列挙される何に該当し
　　ていたのか。
（五）　現在の関税暫定措置法によって定められる豚肉の差額関税制
　　度は、WTO農業協定第四条二における「通常の関税」か。
（六）　ウルグアイ・ラウンド合意以前の豚肉の差額関税制度と現行
　　の豚肉の差額関税制度は何処が違うのか。

政府答弁

一の（一）について
　お尋ねのとおりである。

一の（二）について
　御指摘の「ウルグアイ・ラウンド合意以前の豚肉の差額関税制度」
（以下「旧制度」という。）については、ガット・ウルグァイ・ラウンド
交渉の結果を踏まえ、世界貿易機関を設立するマラケシュ協定（平成六
年条約第十五号）附属書一Aの農業に関する協定（以下単に「協定」と
いう。）**第四条2に規定する通常の関税（以下「通常の関税」という。）**
に転換したものである。

一の（三）について
　ガット・ウルグァイ・ラウンド交渉の結果を踏まえ、従来採られてい
た輸入制限措置等を通常の関税に転換した品目は、小麦、大麦、乳製品

の一部、でん粉、雑豆、落花生、こんにゃくいも、繭・生糸及び**豚肉**である。

一の（四）から（六）までについて

　旧制度は、当時の畜産物の価格安定等に関する法律（昭和三十六年法律第百八十三号）第三条第一項の規定に基づき毎会計年度定められる**安定基準価格及び安定上位価格を基に定められる基準輸入価格を用いて、関税の率が定められるものであったため、当該関税の率は年度ごとに変わり得るものであり、協定第四条２の注に規定する「その他これらに類する通常の関税以外の国境措置」に当たると考えられた**ものである。

　他方、御指摘の「現在の関税暫定措置法によって定められる豚肉の差額関税制度」（以下「現行制度」という。）は、**一定の基準輸入価格を基に定められる分岐点価格を境に、分岐点価格を超える豚肉にあっては従価税を課し、分岐点価格以下の豚肉にあっては従量税を課すとともに、分岐点価格の前後で課税後の価格が逆転しないよう関税の率を定めているものであり、通常の関税に当たる**ものである。

　筆者解説

　質問主意書の一の（一）と（二）では、「UR 以前の差額関税が WTO 農業協定を直接適用して通常の関税に関税化したかどうか」ということを確認しています。それに対して、政府は間違いないと答弁しました。このことは、日本政府は差額関税を廃止し、新たに通常の関税に転換したことを示しています。

　ところで、WTO で禁止されたと農水省が認め廃止した当時の差額関税制度（旧制度）とはどのような制度だったのでしょうか？　以下は UR 以前の差額関税をグラフにしたものです。数値は現行のものを使用しています。

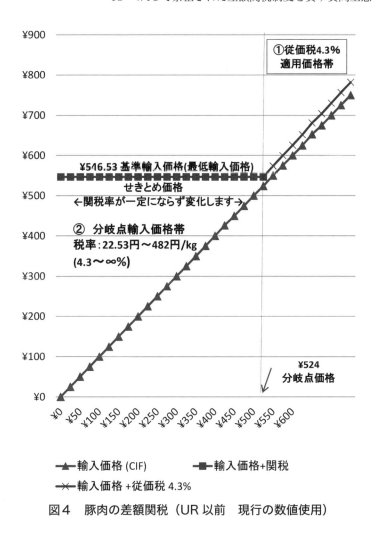

図4　豚肉の差額関税（UR 以前　現行の数値使用）

　注）グラフの旧差額関税制度（条約違反で廃止）と現行差額関税制度
（復活）は64.53円/kg以下の従量税部分を除けばピッタリ重なります。
輸入単価キロ64.53円（100グラム6.5円）の豚肉は通常では存在しませ
ん。旧制度では基準輸入価格が法令で定められた仕組みによって、一年
または数年で変化します。

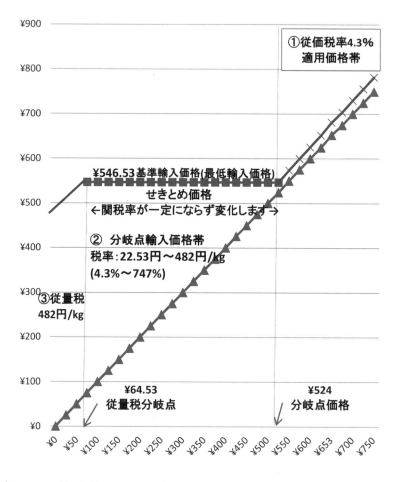

図5　豚肉の差額関税制度（現行・通常時）

　グラフを見れば旧差額関税と現行差額関税が同じものということがお分かりいただけると思います。答弁書の中で唯一異なると述べているのが、以下の答弁にあるように「基準輸入価格が変化する」ということだけです。このことをもって旧差額関税制度は「関税率が変化し予測不可能で不透明な制度」であったため廃止したという答弁をしているのです。

　では，それを述べている政府答弁書「一の（四）から（六）までについて」を検証してみましょう。旧差額関税は基準輸入価格が「畜産物の価格安定に関する法律」（略称：畜安法）によって定められる豚肉の安定基準価格と安定上位価格の中間価格として定められていました。

　畜安法とは豚肉が高騰した場合に関税の減免や政府保管豚肉の放出で価格を下げたり、価格が暴落した場合に市場から豚肉を購入し価格を維持したりするための法律で、UR以前はその中間価格をもって差額関税の基準輸入価格が定められてきました。そこでWTO発効（1995年）までの10年間の安定価格と基準輸入価格を表に示しました。

表1　豚肉安定価格の推移

		安定基準価格	安定上位価格	中間価格	基準輸入価格
昭和61年度	1986	540	760	650	650
62	87	455	645	550	550
63	88	410	580	495	495
平成1	89	400	565	482.5	482.5
2	90	400	565	482.5	482.5
3	91	400	565	482.5	482.5
4	92	400	565	482.5	482.5
5	93	400	565	482.5	482.5
6	94	400	540	470	470
7	95	400	525	462.5	460.01

出典：農林水産省食料・農業・農村政策審議会・畜産部会

表1を見るとUR前の差額関税制度の基準輸入価格は**法令に定められ**
た仕組みによって、年ごとまたは数年ごとに変化しており、基準輸入価
格そのものは予測可能と言えます。政府の答弁書の可変輸入課徴金につ
いての答弁では「その金額が個別の法令上又は行政上の措置を要しない
仕組みにより自動的に絶えず変化し」とありますので「法令によって絶
えず変化していない」旧制度の基準輸入価格に関しては政府の答弁では
可変課徴金には当たらないことになります。

　ということは、政府が欧米からWTO条約違反の可変課徴金または最
低輸入価格との指摘で廃止したUR以前の旧差額関税制度は、答弁書が
正しいとすると「可変課徴金ではなく」廃止する必要のなかった制度に
なるという大きな矛盾が生じているのです。

　また、当時もコンビネーション輸入がほとんど全てでしたので、政府
の答弁書が正しいとすると基準輸入価格より安い豚肉も輸入されていた
ので「最低輸入価格でもなく」廃止する必要はなかったという誠に矛盾
した答弁となっているわけです。

　なぜ旧差額関税制度は廃止され、なぜ条約を無視してまで、同じ機能
を持つ差額関税制度を復活させてしまったのでしょうか？　筆者にはそ
の理由が全く理解できません。
　このような違法な差額関税制度を維持したために、我が国ではこの制
度に疑問を感じる多くの税関職員を事後調査に動員し、裁判費用をか
け、罪に問われる必要のない人まで罪にした上に、国庫に入るべき関税
は少なく、生産者にも消費者にもメリットが無い上に、変な条約の解釈
をして国の恥をさらすということになったのです。そうまでして維持す
る理由が筆者には全く理解できないのです。

あ と が き

　本書を書きながら感じたことは、果たして日本国政府は国益、すなわち日本国民の利益を第一に考えて政策を立案し施行してきたのだろうかという疑問です。コロナ対応にしても世界各国でコロナのPCR検査は既に数千万人、数億人に上る人々に実施されてきました。我が国では様々な理由から実施例は他国に比して格段に少ない状態です。また、任意検査の場合、一人当たり3万～4万円という途方もない検査費用がかかると言われています。

　無料で大人数の検査が実施されている中国や韓国などでこのような高額の費用が必要だなどとは聞いたことがありません。無症状の感染者を発見し、広がりを知ることと知らないで野放しにしていることのどちらが良いかは言うまでもありません。検査利権があるのかどうか分かりませんが、この最近の事例を見ただけでも政府は本当に国民に向き合っているのか、ますます疑問に思えるのです。

　差額関税制度に話を戻しますが、今までお話ししてきたように、差額関税制度は単に豚肉の輸入問題のみにとどまらずWTO条約違反という汚名をかぶりつつ、実際には海外に利益が残り、日本国の消費者がそれを負担するという誰が見ても著しく異常な制度だということをご理解いただけたかと思います。

　ところで、なぜそのような異常な制度がWTO設立以降25年間以上も続いてきたのでしょうか？　それは、官僚は犯した過ちを認めないという、すなわち「官僚の無謬性」を絶対的な信条として持っているからにほかなりません。ひとたび差額関税制度の間違いを認めてしまえば、それを実行してきたすべての官僚が間違っていたことになり、日本人

1億2500万人に対して間違った政策を実行してきたことになるわけです。

　ましてや、関税制度の過ちであれば世界中のWTO加盟国に対して間違いを犯してきたと認めることになるのです。そのため行政官僚も自らの過ちを絶対に認めませんし、その誤った法律によって有罪判決を下してきた裁判官も過去の判決を覆す判断をするのは非常に困難なのです。私はこれら「官僚の無謬性」が、さらに多くの岩盤規制の主要因ではないかと考えます。

　そして、自らの過ちを正すことをしないためには、国民がこの制度の問題を知らないことが、一番都合がよかったはずです。本書で豚肉の輸入制度を解説してきましたが、通商・貿易用語、外国との条約、法律と大変複雑な上に、豚肉の部位やその価値、コンビ輸入という本来あり得ない輸入方法などを更に分かりにくくして、国民に知らせないようにしていたのです。

　話は変わりますが、中国の武漢で新型肺炎（COVID-19）が発生し、その感染力の強さからあっという間に世界中にウイルスが拡散されてしまいました。このようなことになってしまった主要因の一つとして、湖北省政府や武漢市政府の官僚の保身のために行った情報の秘匿による初動の封じ込め対策の遅れが指摘されています。

　コロナウイルスによる異常な症例を発見した医師を逮捕し、情報を秘匿したことによる感染が中国全土のみならず、日本を含む世界各国に拡大してしまったことは誰でもが知っている事実です。アフリカ豚熱（ASF）にしても初動の対策の遅れによって中国から東南アジアまで蔓延してしまいました。

これらの厄災は、最初から過ちを認め正しい対応をしていれば、中国国内の小規模な問題で封じ込めた可能性がありましたが、ここまで大きな問題にしたのは、まさしく人災であります。官僚もヒトです。ヒトであれば、間違いを犯すことも当然あります。間違いであったならば、それを知った時点で改善すべきなのです。

　「官僚の無謬性」を信条とし、保身による情報の秘匿、そして対策の遅れが直接の原因であることをここでは述べましたが、その根本的な問題は「天下為公」、すなわち「国民の利益のために政府がある」ということをないがしろにしている点にあると思います。

　このことはお気づきのとおり、本書で述べてきたことは、なにも中国だけの問題ではありませんし、コロナの問題でもありません。自由貿易のリーダーたる日本がWTO条約違反の汚名を浴びせられつつ、あろうことか日本国民に損をさせている豚肉の差額関税制度の問題でもあるのです。このような全く間尺に合わない理不尽な政策の実態を白日の下に晒して、すみやかに廃絶させたいと筆者は強く思っているのです。

髙橋　寛（たかはし　ひろし）

1956年、岩手県生。盛岡第一高等学校卒。1979年埼玉大学理工学部卒業後、商社勤務。台湾駐在員、米国現地法人食料部長、豪州現地法人社長を歴任。在職中に台湾国立師範大学で中国語（北京語）を履修。その後ニュージーランド食肉パッカーの日本代表を経て、2003年に有限会社ブリッジインターナショナルを設立。国内外の企業アドバイザー並びにジャーナリストとしてテレビ、ラジオに出演。著書（監修）に『豚肉が消える』（ビジネス社）があるほか、『ミートジャーナル』（食肉通信社）、『ピッグジャーナル』（アニマル・メディア社）など、畜産関連の月刊誌及び外食関連の『近代食堂』（旭屋出版）に連載中。

ポークパニック
中国の「新型コロナ」、「アフリカ豚熱」そして日本の恥「豚肉差額関税」

2021年3月28日　初版第1刷発行

著　者　髙橋　寛
発 行 者　中田典昭
発 行 所　東京図書出版
発行発売　株式会社 リフレ出版
　　　　　〒113-0021　東京都文京区本駒込3-10-4
　　　　　電話 (03)3823-9171　FAX 0120-41-8080
印　　刷　株式会社 ブレイン

© Hiroshi Takahashi
ISBN978-4-86641-393-8 C0036
Printed in Japan 2021

落丁・乱丁はお取替えいたします。
ご意見、ご感想をお寄せ下さい。